彩图 1　花芽内花蕾数量

彩图 2　甜樱桃花朵形态

雄蕊 { 花药　花丝
花瓣
花萼
花柄
柱头
花柱
子房 } 雌蕊

彩图 3　花期冻害

彩图 4　幼果期冻害

彩图 5　畸形果

彩图 6　易风化山石（千层板）

彩图 7　早露

彩图 8　福晨

彩图 9　甘 露

彩图 10　状元红

彩图 11　早红珠

彩图 12　红 灯

彩图 13　明 珠

彩图 14　早大果

彩图 15　美 早

彩图 16　美国 1 号

彩图 17　沙米豆

彩图 18　拉宾斯

彩图 19　福 星

彩图 20　先 锋

彩图 21　佳 红

彩图 22　晓文 1 号

彩图 23　红 艳

彩图 24　丽 珠

彩图 25　布鲁克斯

彩图 26　绣 珠

彩图 27　泰 珠

彩图 28　金顶红

彩图 29　得利晚红

彩图 30　艳 阳

彩图 31　雷 尼

彩图 32　巨 红

彩图 33　晚红珠

彩图 34　晚 蜜

彩图 35
兰丁 1 号砧木苗

彩图 36
兰丁 2 号砧木苗

彩图 37　兰丁 2 号砧木根系

彩图 38　吉塞拉开花状

彩图 39　ZY-1 砧木苗

彩图 41　组织培养育苗

彩图 40　大棚弥雾法扦插育苗

彩图 42　客土栽植

彩图 43　无墙体钢架温室内部

彩图 44　无墙体钢架温室后部

彩图 45　钢架结构连栋大棚

彩图 46　温度自动调控仪

彩图 47　防霜风机

彩图 48　除草剂危害

彩图 49　盐碱危害

彩图 50　采收后放风锻炼

彩图 51　覆盖遮阳网

彩图 52　果实成熟期花芽分化状（一）

彩图 53　果实成熟期花芽分化状（二）

彩图 54　激素过量
树体生长发育畸形状

彩图 55　激素过量
果实发育畸形状

彩图 56　激素过量枯枝状

彩图 57　花芽老化和开花状　　　　　彩图 58　氨气危害花芽

彩图 59　硼砂或尿素危害花朵　　　　彩图 60　果实成熟期药剂危害

彩图 61　叶斑病　　　　　　　　　彩图 62　花腐病

彩图 63　果蝇为害状

甜樱桃

优质高效生产技术

第二版

韩凤珠 赵 岩 主编

化学工业出版社

·北京·

本书在第一版的基础上,结合我国最近几年制定的相关标准与新规程,详细介绍了甜樱桃露地和设施高效栽培技术,包括甜樱桃的园址选择、建园技术、品种选择、苗木培育、土肥水管理、病虫草害以及营养缺乏的防治、整形修剪等关键技术,并对生产中经常出现的问题以及解决对策作了重点阐述。本书突出新品种、新技术、新成果和安全生产理念,相关内容配有墨线图和高清彩色插图,通俗易懂,科学实用。

本书适用于广大甜樱桃生产者、基层农技推广人员以及农林院校相关专业师生阅读。

图书在版编目(CIP)数据

甜樱桃优质高效生产技术/韩凤珠,赵岩主编.—2版.
北京:化学工业出版社,2017.7(2019.9重印)
ISBN 978-7-122-29926-0

Ⅰ.①甜… Ⅱ.①韩…②赵… Ⅲ.①樱桃-果树园
艺 Ⅳ.①S662.5

中国版本图书馆 CIP 数据核字(2017)第 133924 号

责任编辑:刘 军 冉海滢   装帧设计:关 飞
责任校对:王 静

出版发行:化学工业出版社(北京市东城区青年湖南街 13 号 邮政编码 100011)
印   刷:北京京华铭诚工贸有限公司
装   订:三河市振勇印装有限公司
710mm×1000mm 1/16 印张 11¼ 彩插 4 字数 208 千字
2019 年 9 月北京第 2 版第 3 次印刷

购书咨询:010-64518888   售后服务:010-64518899
网   址:http://www.cip.com.cn
凡购买本书,如有缺损质量问题,本社销售中心负责调换。

定   价:38.00 元   版权所有 违者必究

本书编写人员名单

主　　编	韩凤珠　赵　岩
副 主 编	夏国芳　史晓涛
参编人员	廉青春　宁景华　高　琼　孙兆生
	高良涛　崔明礼
绘　　图	韩剑峰　韩　松

前　言

　　甜樱桃，俗称大樱桃，是我国北方落叶果树中果实成熟最早的树种，其果实成熟期正值春末夏初，对弥补早春果品市场的空缺，具有特殊的意义。特别是采取保护设施栽培后，其成熟期提早至 2～5 月份，加之采取果品贮藏技术，使甜樱桃果实从 2 月份上市一直延续到 8 月份，有效地延长了市场鲜果的供应期。

　　甜樱桃果实色泽艳丽、晶莹美观，果肉柔软多汁、酸甜适口、营养丰富，是很受消费者喜爱的时鲜、高档水果，常被消费者誉为"果中珍品"。

　　近三十多年来，甜樱桃生产发展很快，露地栽培已由山东烟台、辽宁大连、河北秦皇岛等老产区，扩展到北京、山西、陕西、河南等地，特别近十年来，江苏、安徽、四川、甘肃、云南和新疆的塔城、喀什地区也引种栽培成功。随着保护地甜樱桃产业的发展，栽培区域已扩展到黑龙江、吉林、内蒙古、新疆、陕西、山西、青海、宁夏和甘肃等省区，从事甜樱桃生产的果农也越来越多。

　　在甜樱桃产业快速发展过程中，甜樱桃生产还存在一定的问题。例如，栽培技术不规范，标准化水平低，主要表现在品种和砧木混杂、土壤有机质含量低、肥水管理、整形修剪以及病虫害防治管理粗放、进入丰产期晚、产量低。还有单纯追求产量的生产意识的主导，超标超量使用化肥和农药，而导致果实品质和树体发育不良，这些因素都不同程度地制约了甜樱桃的高产优质。

　　为了顺应甜樱桃生产的健康可持续发展的新形势，我们着眼于果品安全、树体安全、土壤安全以及人身安全的优质高效安全生产，对 2012 年出版的《甜樱桃优质高效生产技术》进行了修订，本书立足于实际实用，力求通俗易懂，在保持原来主要内容基础上，增添新的优良品种和栽培技术，凸显技术的新颖性和先进性。

　　本书在编写过程中，参阅、借鉴和引用了多位同行的研究成果和文献资料，在此表示衷心的感谢。

　　由于编者水平有限，书中疏漏和不足之处，敬请批评指正。编者邮箱：1559832513@qq.com

编者

2017 年 5 月于熊岳

第一版前言

甜樱桃是北方落叶果树中果实成熟最早的树种，素有"春果第一枝"的美称。甜樱桃果实色泽艳丽，晶莹剔透，果肉柔软多汁，营养丰富，被人们称为果中珍品，真可谓"视之赏心悦目，食之玉液芳津"。

甜樱桃适宜在我国年平均气温 10～12℃ 的地区栽培，我国栽培甜樱桃已有百余年的历史，但长期以来发展速度较慢，主要原因之一是限于其对环境条件的要求；二是科学研究的投入和先进技术的推广力度不够。20 世纪 90 年代以来，国家加大科研和推广的投入，各科研院所和大专院校通过杂交育种、从国外引种等途径选育了一大批优新品种，并对其优质无公害栽培技术进行了广泛深入的研究，使甜樱桃生产发展很快，已由老产区的山东烟台、辽宁大连、河北秦皇岛等地，扩展到北京、山西、陕西、河南等地。近十几年来，江苏、安徽、四川、甘肃和新疆的塔城、喀什地区也引种栽培成功。随着保护地甜樱桃产业的发展，栽培区域又扩展到黑龙江、吉林、内蒙古等省区，从事甜樱桃生产的果农也越来越多。

随着人民生活水平的提高，甜樱桃的市场需求也迅速增长而且要求果品优质无公害。为了适应新、老甜樱桃栽培区生产的需要，我们编写了此书，立足于生产实际，力求通俗易懂、技术先进。本书主要介绍了与栽培技术相关的甜樱桃的生物学特性，主要新品种与苗木培育，无公害甜樱桃园的建立以及田间管理，甜樱桃整形修剪技术，以及病虫无公害防治技术等。

本书在编写过程中，参阅了大量的研究成果和文献资料，在此对相关作者与专家表示衷心的感谢。

由于作者水平有限，书中难免有疏漏和不足之处，敬请批评指正。

编者

2011 年 10 月

目录

第一章
甜樱桃生产的意义和发展趋势

一、栽培意义

甜樱桃，俗称大樱桃，商品名也称"车厘子"，是我国北方落叶果树中果实成熟最早的树种，其果实成熟期正值春末夏初，对弥补早春果品市场的空缺，具有特殊的意义。特别是采取保护设施栽培，其成熟期提早至 2～5 月份，加之采用果品贮藏技术，使甜樱桃果实从 2 月份上市一直延续到 8 月份，有效地延长了市场鲜果的供应期，显著提高了果品的商品价值。

甜樱桃果实色泽艳丽、晶莹美观，果肉柔软多汁、酸甜适口、营养丰富，很受消费者喜爱，常被消费者誉为"果中珍品"。甜樱桃果实中含有蛋白质、碳水化合物、钾、钙、磷、铁、维生素 A、维生素 C、可溶性糖和有机酸等多种营养物质。甜樱桃果实含铁量比苹果和梨高，常食甜樱桃可促进血红蛋白再生；果实的红色素具有良好的抗氧化功能，也是天然的食用色素。果实除鲜食外，还可用于加工罐头、果脯、果酱、果汁、果酒和蜜饯等多种产品。

甜樱桃果实发育期很短，大多数品种从开花到果实成熟仅需要 50～60 天，极早熟的品种其果实发育期只有 28 天，极晚熟的只有 65 天，其间很少发生病虫害，喷施农药次数较少，因此甜樱桃极易生产出合格的无公害果品。

甜樱桃田间管理用工少，生产成本低，果品经济价值高，露地栽培亩（1 亩＝667 平方米）收入在 1 万～2 万元，在果树种植业中经济效益居首位。特别是采取保护设施栽培后，其高额的经济效益更为突出，亩收入在 5 万元以上，因此，被称为"黄金产业"和"朝阳产业"。随着旅游业的开发，又相继出现了观光园和采摘园，使甜樱桃成为观光、休闲、采摘的优先树种，生产效益和社会效益更为突出，甜樱桃生产对繁荣农村经济和增加农民收入有着积极的作用。

二、发展趋势

甜樱桃原产自欧洲东南部和亚洲西部，主要栽培区域集中在北纬和南纬

30°～45°区域内，主要栽培国家有中国、美国、俄罗斯、乌克兰、意大利、土耳其、伊朗、德国、智利、澳大利亚、新西兰等。

我国甜樱桃栽培已有百余年的历史，目前栽培区域主要分布在环渤海湾地区、陇海铁路沿线地区、云贵川高海拔地区。

环渤海湾地区包括山东、辽宁的大连、河北、北京和天津，是我国甜樱桃商业栽培起步最早的地区，此地区属于甜樱桃中、晚熟栽培区，栽培面积和产量的稳步增加，带动了国内其他地区甜樱桃种植业的发展。

陇海铁路沿线地区包括陕西、甘肃、山西、河南、江苏以及安徽等地，甜樱桃栽培虽起步较晚，但栽培面积扩大迅速，进入丰产期的樱桃园，起到很好的带动作用，已形成加速发展之势，成为我国甜樱桃第二大产区。此地区属于甜樱桃早熟栽培区，熟期比山东早 10～20 天，比辽宁早 20～30 天，有很大的生产潜力和市场竞争力。

西南和西北高海拔地区的四川、云南、贵州、重庆和青海等地，虽现有栽培面积较少，但发展势头较好，栽培早熟、极早熟、短低温的品种，是此地区甜樱桃生产的优势。

此外，还有上海、浙江等高温栽培区和寒冷地区的保护地栽培区。上海、浙江等高温栽培区栽培面积极少，尚属引种试栽阶段，主要栽培抗裂果、短低温的品种。黑龙江、吉林、辽宁中北部、内蒙古以及新疆北部寒冷地区，主要是采取保护设施栽培甜樱桃。

据初步统计，2015 年我国甜樱桃的栽培面积已达 206 万亩，其中，环渤海湾产区 152 万亩，陇海铁路沿线产区 42.6 万亩，西南高海拔产区 8.5 万亩，其他分散栽培区约 3 万多亩。

我国甜樱桃适宜种植的区域广阔，西南高海拔地区生产的甜樱桃可提早至 4月 20 日左右采收，辽宁的晚熟品种可延迟到 7 月上旬采收，加上北方保护地樱桃可提早至 2 月下旬采收，再加上露地樱桃采后 2～3 个月的气调贮藏期，我国可以向国际市场提供甜樱桃果品的供应期长达 4～6 个月。就劳动力成本而言，我国甜樱桃生产在国际市场上也具有较强的竞争力。

作为小水果的甜樱桃，目前的产量还远远低于苹果、梨、柑橘、葡萄和香蕉等大宗水果，在这些水果中，甜樱桃的产量所占的份额仅是主要水果的 1% 左右。虽然其没有大宗水果的耐贮运性，但其生产有一定的稳定性，加之春末夏初的观光休闲采摘业，使其种植效益会更高。

目前甜樱桃果品主要是鲜食，如果甜樱桃鲜食果品市场低迷时，将果品加工成罐头、果脯等产品，也会产生很好的经济效益，也会确保栽培者的生产效益。

相信在甜樱桃栽培面积逐步扩大的将来，栽培者将会改变只追求产量和外观的经营理念，高度注重高品质、无公害的、乃至有机的甜樱桃果品生产，加上采后注重清洗、预冷、分级、保鲜及冷链运输等商品化处理，缩小与进口"车厘子"的价格差，扩大出口量，我国的甜樱桃果品不会出现滞销的局面。

同样的果品比质量，同样的质量比成本。以果品质量优良、生产成本低廉为目标，甜樱桃产业将会成为真正的朝阳种植业。

第二章

甜樱桃优质安全生产对环境条件的要求

甜樱桃属乔木果树，树体高大，生长旺盛，干性强，自然生长树高可达7~8米。幼树期长，进入结果期晚，乔化砧木嫁接的苗一般定植后4~5年开始结果，6~7年进入丰产期，盛果期可达15~20年，一般管理条件下，30年生左右进入衰弱期；矮化砧木嫁接的苗定植后3年开始结果，4~5年进入丰产期。甜樱桃树的生长势与结果年限以及产量的高低，与土壤肥力、肥水管理水平及其他的管理措施密切相关，栽培者必须全面了解和掌握甜樱桃的生长发育特性，方能正确实施栽培管理技术，按预期达到早产早丰、连续丰产的栽培目的。

第一节　甜樱桃生长发育特性和适宜的环境条件

一、甜樱桃的生长发育特性

甜樱桃和其他落叶果树一样，一年中从萌芽开始，规律性地通过开花、坐果、果实膨大、果实成熟，以及新梢生长、花芽分化、新梢停止生长、落叶和休眠几个时期，周而复始，这一过程称为年生长周期。每一生长阶段都有其不同的生长发育特点。

1. 甜樱桃年生长周期及其特点

（1）**萌芽和开花**　甜樱桃对温度反应敏感，当日平均气温达到10℃左右时，花芽便开始萌动。日平均温度达到15℃左右时开始开花。叶芽萌动较花芽稍晚几天，保护地栽培如果休眠期的低温需求量不足，会出现先叶后花现象。温度较高时花期相对短些，温度低时花期相对长些。同一品种幼树、旺树花期晚，而老树、弱树花期早。花束状枝、短果枝开花早。

甜樱桃的芽在冬季处于休眠状态，在其进入休眠后，必须经过一定的低温才能解除休眠。解除休眠所需要的时间和强度称为需冷量或低温需求量。测定需冷量是以花芽解除休眠而萌发开花为指标，所以严格地说应是花芽解除休眠的需冷量。据研究，甜樱桃在7℃左右的气温下解除休眠所需的时间最短，这就意味着7℃对解除其休眠最有效。低于7℃效果降低；低于0℃对解除休眠无效；高于7℃随气温的增高对解除休眠的效果不断降低。

经过一定低温之后，随着气温的升高，甜樱桃开始进入萌芽开花期。通常把甜樱桃开花的物候过程分为以下6个阶段。

花芽膨大期：全树有25%的花芽开始膨大，鳞片错开；

露萼期：鳞片裂开，花萼顶端露出；

露瓣期：花萼开裂，露出花瓣；

初花期：全树有5%～25%的花开放；

盛花期：全树有25%～75%的花开放；

落花期：全树有50%以上花的花瓣正常脱落。

露地花期一般在7～10天，保护地因不同位点的温度不相同，同一个品种中树与树之间的开花期就有差异，花期一般在10～15天。这就会给授粉带来不利影响，因此要尽量减少大棚内不同位点的温度差异，并注意破眠剂喷施均匀，使之花期一致。

（2）新梢生长 甜樱桃的新梢生长与果实的发育交互进行，新梢在萌动后有一个短促的速长期，长成6～7片叶，成为6～8厘米长的叶簇新梢，进入开花期间新梢生长缓慢，落花后又与果实的第一次速长同时进入速长期。果实进入硬核期时，新梢生长缓慢，果实采收后，又会进入一个阶段的速长期。幼树的新梢生长较为旺盛，第一次停止生长比成龄树推迟10～15天，进入雨季后还有第二次生长。

（3）果实发育 从落花到成熟所需的天数为果实发育期，甜樱桃果实的生长发育期较短。按其发育的天数划分发育期的长短，也就是成熟期的长短，果实发育期的长短与温度的高低密切相关。果实发育期天数少于45天的为早熟品种，50天左右的为中熟品种，60天左右的为晚熟品种。在我国目前生产中栽培的品种中，极早熟的品种其果实发育期为27天，极晚熟的品种为65天。

果实发育分为三个时期。第一时期，从落花至硬核前，为速长期。主要特征为果实迅速膨大，果核迅速增长至成熟时的大小，胚乳也迅速发育。一般横径增长量小于纵径增长量，这一阶段的长短，不同熟期的品种表现不一，大致为10～20天。

第二时期，为胚发育期，果个增长渐慢，果核开始木质化，胚乳逐渐为胚的发育所消耗，营养物质主要供给胚发育，此阶段大约为8～12天，也称硬核期。

第三时期，自硬核后到果实成熟，为果实第二次迅速生长期。此期主要特点是果实迅速膨大，一般横径增长量大于纵径增长量，这一时期大约为15～25天。

果实发育的第二时期遇严重干旱或灌水过多，往往会造成果实黄萎脱落。果实的第三发育时期，特别是成熟前大水漫灌或降雨或空气湿度大，会造成果实裂口腐烂。

果实的生长发育除了果实增大之外，还伴随着一系列生理生化变化，最明显的是果实可溶性固形物含量的增加和果实颜色的变化。甜樱桃的果实在发育过程中叶绿素 A 转变成叶绿素 B，然后发生叶绿素 B 的降解，果皮的基色由绿变黄。甜樱桃的果实在未成熟时含有大量的紫黄素（一种类胡萝卜素），随着果实成熟，β-胡萝卜素和环氧类胡萝卜素逐渐增加，果皮颜色出现红晕，或变成鲜红色至紫红色，有的品种甚至成为紫黑色。

（4）花芽分化　花芽分化是指芽的生长点发生一系列生理变化和形态变化形成花芽的过程。甜樱桃花芽分化过程可分为苞片形成期、花原基形成期、花萼分化期、花瓣及雄蕊原基形成期和雌蕊原基形成期。甜樱桃花芽分化的特点是分化时间早，分化时期集中，分化进程迅速。辽宁省果树科学研究所对甜樱桃花芽分化的镜检观察证明，甜樱桃的花芽分化是在幼果期（硬核后）开始的，也就是在落花后 20～25 天开始的，落花后 80～90 天基本完成。不同栽培条件下或不同品种间稍有差异。

甜樱桃花芽的形态分化虽然在花后 80～90 天基本完成，但花器的发育一直延续到下一年，下一年芽萌动时，花药中的分生细胞开始延长并形成花粉，此时花的分化才算最后完成。

由于甜樱桃的花芽分化是与果实第二次速长期同步，此时期养分需求量大，供需矛盾突出，易造成养分竞争，需及时补充养分和水分，否则会导致花芽数量减少和质量降低。甜樱桃花芽的分化还受温度和日照的影响。如果分化期温度低、日照时间短，对花芽的形成和来年的产量很不利。甜樱桃花芽分化也与管理水平有关，所以需加强肥水管理，尤其不能忽视花前和花后以及采收后的土壤追肥和根外补肥。甜樱桃容易发生营养缺乏症，缺硼时花芽发育不良，表现为只开花不结果，所以花芽分化期还要保证硼肥的供应。

（5）落叶和休眠　在正常管理条件下甜樱桃的落叶发生在霜冻前后，各地因霜期的早晚不同，落叶期也有相应的变化，不同品种间稍有差异。成龄树和充分成熟的枝条能适时落叶，而幼旺树及不完全成熟的枝条落叶较晚。落叶后树体便进入休眠期。

2. 根、叶、花和果的生物学特性

（1）根　根是甜樱桃的地下部分的营养器官。根的主要机能是从土壤中吸收水分和无机盐等各种矿质营养，供给树体合成各种有机物质，同时也对树体起固定作用。

甜樱桃的根按其来源不同可分为实生根和茎原根两大类。播种繁殖的砧木苗，先长出胚根，然后发生侧根形成的根系称实生根。扦插繁殖或分株繁殖的砧木，其根系是由插条基部或母株的不定根形成，这类根叫茎原根。

不论是哪种根系，多数砧木品种的根系在土壤里的分布都较浅，深度在40~50厘米，主根不发达，侧根和须根较多，但不同种类有所不同。马哈利和兰丁砧木的根系分布的深度可达50~90厘米。根系的发育程度与土壤状况以及肥水管理水平密切相关，土层深厚、质地疏松、通气良好且肥水供应充足，则根系发达，植株生长健壮。甜樱桃根系对土壤积水非常敏感，在雨季如果发生土壤内渍水时间较长，可导致根系缺氧而停止生长，甚至死亡。

根系在年生长周期中，没有自然休眠，只要温度适宜即可生长，当15~20厘米深的土壤温度达到5~7℃时须根即可生长出白色的根尖（吸收根），土壤温度达7~8℃以上时即可以向上输送营养物质，土壤温度达15~20℃时是根系生长最适宜的温度，此时也是根系生长最活跃的时期。土壤温度达28~30℃以上时或低于5℃以下时，根系被迫进入休眠。所以在保护地树体休眠期的管理中，保持土壤温度不低于5℃，秋季在土壤温度为15~20℃时及时施肥是非常关键重要的。

（2）叶 叶片的基本功能是进行光合作用，同时具有蒸腾作用和气体交换作用，叶片是合成有机营养的重要器官。绿色的叶片利用光能将吸收的二氧化碳和水转化为有机物，同时释放出氧气，光合作用的产物主要是葡萄糖、蛋白质、淀粉和脂肪等有机营养。这些有机营养一部分被树体的呼吸作用消耗，但大部分供给枝、叶、根、花和果实的生长，秋季多余的养分贮藏于枝干和根系中，作为下一年树体萌芽开花的主要营养来源。可见保护好叶片是极其重要的。

甜樱桃的叶片大而厚，叶面积大，形成的花芽饱满，来年的坐果率相应就高；叶片小而薄，叶面积小，花芽形成的数量少、质量差，果实质量相应也差。通常每个果应保持有3~5个以上的叶片，才能保证较高的结实率和当年的果实品质。

（3）花芽与花 甜樱桃的每个花芽一般孕育1~5朵花，营养条件好、或个别品种的花芽，可孕育7~8朵，个别的还有孕育10朵的（彩图1）。花朵为子房下位花，由雄蕊（花丝和花药）、雌蕊（柱头、花柱和子房）、花瓣、花萼和花柄组成（彩图2），花序为伞房花序。每朵花有雄蕊40~42枚，每个花药里有花粉6000~8000粒；发育正常的花只有1枚雌蕊，但在高温干燥和土壤干旱的气候条件下，也会出现每朵花有2~4枚雌蕊的现象。如果在花芽分化期营养不良，花器官会发生雌蕊退化，退化花的柱头和子房萎缩而不能结实。

甜樱桃开花后数小时花药破裂释放出花粉。花在4天以内授粉能力最强，

5～6天授粉能力中等，7天以后授粉能力最低。甜樱桃花的授粉过程主要依靠蜜蜂、风力和重力作用完成。在授粉过程中，只有亲和性品种的花粉在柱头上才能萌发。花粉萌发后，原生质连同它的内壁从萌发孔向外突出，然后伸长成为花粉管。花粉管萌发后一般在2～3天内就能经过柱头的细胞间隙进入花柱，然后再需要2～4天的时间才能穿过中果皮到达胚珠。花粉管从珠孔经过珠心而进入胚囊。在胚囊中花粉管顶端破裂，放出两个精子，其中一个与卵细胞结合形成合子（受精卵），合子以后发育成胚。另一个精子与两个极核结合发育成胚乳。甜樱桃从开花、传粉到授粉全过程约需48小时，有时则可能延长到2～3天。

（4）果实　甜樱桃的花经过授粉和受精发育成果实。甜樱桃果实在膨大期遇雨、浇水过多或空气湿度大的情况下很容易发生裂果。因为甜樱桃果实表面分布有许多气孔，这些气孔随着果实的成熟并不能像苹果、梨那样形成木栓化的皮孔。所以，当外部水分由气孔大量进入果肉组织时，就会造成果肉组织膨胀，果皮拉紧，当超过果皮拉力强度的限制时就会造成裂果。另外，甜樱桃的外果皮角质层还会产生许多小裂缝。这些小裂缝在果实成熟前如果大量吸水，果实迅速膨胀，裂缝就会深达果肉而造成裂果。

二、适宜甜樱桃生长发育的环境条件

1. 温度和水分

甜樱桃属喜温不耐寒的果树，适宜在年平均气温10～12℃的地区露地栽培，要求一年中日平均气温高于10℃的时间需在150～200天以上。而实际生产中，甜樱桃已栽培到年平均气温15℃的地区。

甜樱桃对水分状况很敏感，具有喜水而又不能渍水、既不抗旱也不耐涝的特性，需要较湿润的气候条件。甜樱桃叶片大，蒸腾作用强而需要较多的水分供应，但又因根系浅而抗旱抗涝能力差，所以甜樱桃适于在年降雨量600～700毫米的地区生长。

在甜樱桃年生长周期中，不同时期对温度的要求不同，萌芽期适宜温度10～15℃；开花期适宜温度12～18℃；果实发育至成熟期适宜温度20～25℃。果实发育期和花芽分化期间温度的高低，对果实的发育速度、果实大小、果实品质和花芽分化的质量都有显著的影响。

甜樱桃不耐低温，冻害的临界温度为−20℃。但是，冬春季风大的地区气温达到−18℃时，枝干也会有严重冻害；气温达到−25℃时，会造成树干冻裂，地上部分死亡；气温达到−30℃时，根部会严重受冻，造成大量死树；根系在晚秋地温−8℃以下、冬季−10℃以下、早春−7℃以下的情况下也会遭受冻害，所以冬季温度过低是限制甜樱桃生产向北推进的主要因素。

生产中常把极端最低气温-15～-18℃的地区，作为甜樱桃栽植适宜区的北界；极端最低气温-18～-23℃的地区，作为次适宜栽植区，此栽植区遇到特殊冷冬年份树体会遭遇到冻害，需加强防护。

甜樱桃的不同器官和组织的冻害临界温度还有明显差别，花蕾和幼果期的冻害临界温度为-2.8～-3℃，在-3℃条件下持续达3～4小时，大部分花蕾和幼果会冻坏（彩图3、彩图4）。

甜樱桃虽然喜温，但温度过高同样会对其生长发育造成伤害，高温的伤害还与水分和空气湿度相关。花期高温干旱，会影响授粉授精，降低坐果率；花芽分化期高温干旱，会使花芽分化畸形，下一年出现畸形果（彩图5）；果实发育期高温干旱，果实不能充分发育，造成提前着色成熟，果肉薄口味淡。且高温干旱易发生蜘蛛为害。花期和果实发育期高温高湿，会发生花腐病和灰霉病，果实膨大期会发生裂果；枝条生长期高温高湿会引起徒长，使树冠郁密，还易发生叶斑病。

2. 土壤

土壤是甜樱桃树体生长发育的基础条件，土壤质地的好与差，直接影响甜樱桃的生长发育。甜樱桃的根系在土壤中的分布较浅，根系呼吸旺盛，适宜在土层深厚、土质疏松、透气性好、保水保肥性较强、肥力较高的壤土、沙壤土、石砾壤土或轻黏壤土上栽植。要求土壤pH值在6.0～7.5之间，最适宜范围为6.0～7.0，有机质含量不低于1%，含盐量不超过0.1%，土层厚度在1米以上，地下水位低，雨季地下水位不高于80厘米。

甜樱桃对重茬反应敏感，甜樱桃园间伐后，至少要改植2～3年非果树类的作物，才能再栽植甜樱桃。如果不轮作不休闲，只能采取客土改造的方法，给甜樱桃一个质地优良的立地条件。客土改造就是利用易风化的山石（片母岩）[俗称千层板（彩图6）]，作为甜樱桃的客土，改造黏性土壤和重茬土壤，提高土壤的透气性，使其同时富含磷、钾、钙和镁等营养元素，取得很好的栽植效果。

3. 光照

甜樱桃是喜光性较强的树种，全年日照时间要求在2600～2800小时。光照条件良好时，生长健壮，结果枝寿命长，树冠内腔光秃的进程较慢，花芽发育充实，坐果率高，果实成熟早，着色鲜艳，含糖量高，品质好；光照条件差时，树冠外围新梢易徒长，冠内枝条衰弱、易光秃，结果枝寿命缩短，花芽发育不良，结果部位外移，结果少，果实成熟晚，品质差。

甜樱桃在保护地栽培条件下，所覆盖的塑料薄膜透光率一般能达到75%左右，如果膜上积尘较厚，清扫不及时，透光率还会进一步降低，会使树体长期处于弱光照的条件下，光合产物少，有机营养积累得少、消耗得多，会使果实着色不良、延迟成熟、含糖量降低，花芽分化受抑制，数量减少。尤其是采收后覆盖的遮阳网密度过大，透光率不足70％时，花芽瘦小、饱满程度差。

第二节　生产优质无公害果品对产地环境和果品质量的要求

为了人类的健康，以及甜樱桃生产的可持续发展，也为了提高果品国际市场竞争力，甜樱桃的优质安全生产，必须向无公害方向发展，给予甜樱桃一个良好的生态环境，使其果品不但品质优良，还要符合无公害果品的要求。

无公害果品是指果树产地环境、生产过程以及包装、贮存、运输过程中不被有害物质污染，产品质量符合国家有关标准和规范的要求，具有安全、优质、营养等特点。

一、环境质量

优质无公害樱桃产地应选择在生态环境良好、不受污染源影响或污染物限量控制在允许范围内的地块。目前国家尚未制定无公害樱桃产地环境要求，根据GB/T 18407.2—2001《农产品安全质量无公害水果产地环境要求》，优质无公害水果生产一定要选择好基地，周围不能有工矿企业，并远离城市、公路、机场、车站、码头等交通要道，以避免有害物质的污染。要对果园的空气、土壤和灌溉用水进行监测，符合标准的才能确定为无公害生产基地，这是生产无公害果品的基础条件。大气、土壤和灌溉用水等环境质量要符合农业环保部门的标准（表2-1、表2-2、表2-3）。

表 2-1　无公害水果产地空气质量指标

项目		季平均	月平均	日平均	1小时平均
总悬浮颗粒物(标准状态)/(毫克/米³)	≤			0.30	
二氧化硫(标准状态)/(毫克/米³)	≤			0.15	0.50
氮氧化物(标准状态)/(毫克/米³)	≤			0.12	0.24
氟化物(标准状态)/[微克/(分米²·天)]	≤		10		
铅(标准状态)/(微克/米³)	≤	1.5			

生产优质无公害甜樱桃，要求使用清洁、无污染的水进行灌溉，避免使用被工业"三废"污染的河水、池塘水等，也不宜用城市生活废水和人粪尿直接进行灌溉。

表 2-2 无公害水果产地农田灌溉用水质量指标　　　单位：毫克/升

pH	氯化物≤	氰化物≤	氟化物≤	总汞≤	总砷≤	总铅≤	总镉≤	六价铬≤	石油类≤
5.5～8.5	250	0.5	3.0	0.001	0.1	0.1	0.005	0.1	10

表 2-3 无公害水果产地土壤质量指标　　　单位：毫克/升

pH	总汞≤	总砷≤	总铅≤	总镉≤	总铬≤	六六六≤	滴滴涕≤
<6.5	0.30	40	250	0.30	150	0.5	0.5
6.5～7.5	0.50	30	300	0.30	200	0.5	0.5
>7.5	1.0	25	350	0.60	250	0.5	0.5

　　由于各地土壤质地不同，有的土壤中可能蕴藏着许多有毒有害物质，这些物质可以通过根系吸收，传导至果实中，造成有害物质的残留量超标。因此，建园前对土壤砷、铅、汞等有毒物质要进行检测，其残留量要符合国家生产无公害果品标准要求，超标土壤不宜建园，否则将难以生产优质无公害果品。

二、果品质量

　　在甜樱桃优质无公害生产过程中的病虫害防治，要求施用高效低毒无公害药剂。为提高樱桃果品食用的安全性，保护消费者身体健康，农业部提出，由农业部优质农产品开发服务中心、农业部果品及苗木质量监督检验测试中心起草，于 2004 年发布了农业行业标准《无公害食品 樱桃》（NY 5201—2004）。该标准从果品安全要求和果品感官要求两方面做出了专门规定（见表 2-4、表 2-5）。

表 2-4 无公害食品樱桃的安全指标　　　单位：毫克/千克

项目	指标
铅（以 Pb 计）	≤0.2
镉（以 Cd 计）	≤0.03
总砷（以 As 计）	≤0.5
敌敌畏（dichlorvos）	≤0.2
毒死蜱（chlorpyrifos）	≤1.0
氰戊菊酯（fenvalerate）	≤0.2
氯氰菊酯（cypermethrin）	≤2.0
多菌灵（carbendazim）	≤0.5

　　注：根据中华人民共和国农药管理条例，剧毒和高毒农药不得在生产中使用。

表 2-5　无公害食品樱桃的感官指标

项目	指标
新鲜度	新鲜,清洁,无不正常外来水分
果形	具有本品种的基本特征
色泽	具有本品种固有色泽
风味	具有本品种固有的风味,无异常气味
果面缺陷	无未愈合的裂口
病、虫及腐烂果	无

　　2011 年和 2014 年分别对无公害樱桃果品安全指标又做了新的补充（见表 2-6）。

表 2-6　无公害食品樱桃的安全指标　　　　单位：毫克/千克

项目	指标
克百威	≤0.02
氧乐果	≤0.02
乐果	≤2
氯氟氰聚酯	≤0.3
多菌灵	≤0.5
苯醚甲环唑	≤0.2
啶虫脒	≤2

第三章
甜樱桃优良品种选择与授粉品种的配置

第一节　甜樱桃优良品种简介

　　据有关报道，全世界已登记的甜樱桃品种已有 2000 多个，这些品种经过漫长的栽培过程，不断优胜劣汰，生产中广泛栽培的品种有 600 多个，我国收集到的品种资源约 150 个，但在生产中广泛栽培的效益较好的仅有 30 余个。

一、早熟品种

　　（1）早露（5-106）　那翁实生，大连农科院选育，2012 年通过辽宁省级审定。平均单果重 8.7 克，果实宽心脏形，果柄中长；果皮、果肉红色，可溶性固形物含量 18%，风味酸甜；果实发育期 35 天左右（彩图 7）。

　　（2）福晨　萨米脱×红灯，烟台市农科院选育，2013 年通过山东省级审定。平均单果重 9.7 克，果实心脏形；果皮果肉红色，硬脆，可溶性固形物含量 18.7%；耐贮运；果实发育期 40 天左右（彩图 8）。

　　（3）甘露　佳红实生，大连市甘井子区农业技术推广中心选育，2012 年通过辽宁省级审定。平均单果重 10.4 克；果皮底色浅黄，成熟时阳面鲜红色；果肉黄白色，脆硬多汁，果皮厚韧，可溶性固形物含量 20.8%；果实发育期 40 天（彩图 9）。

　　（4）状元红　红灯芽变，大连农科院选育，2015 年通过辽宁省级审定。平均单果重 10 克，果实肾形，果柄短粗；果皮、果肉红色，味酸甜，肉质较软，可溶性固形物含量 20%；果实发育期 42 天（彩图 10）。

　　（5）早红珠（8-129）　宾库实生，大连市农科所培育，2011 年通过辽宁省级审定。平均单果重 9 克，果实宽心脏形；果皮紫红色，有光泽；果肉紫红色，肉质较软，肥厚多汁，可溶性固形物含量 18%，风味酸甜，品质好；较耐贮运；果实发育期 42 天（彩图 11）。

（6）红灯　那翁×黄玉，大连市农科院培育，1987年通过农业部级审定。平均单果重9.6克，果实肾形，果柄短粗；果皮、果肉红色，肉质较软，可溶性固形物含量17%，味甜酸；抗裂果，耐贮运；果实发育期45天（彩图12）；该品种易感染皱叶病毒。

（7）明珠（5-102）　优系实生，大连农科选育，2009年通过辽宁省级审定。平均单果重12.3克，果实宽心脏形；果皮底色浅黄，阳面着鲜红色霞，有光泽；果肉浅黄，肉质较软，肥厚多汁，可溶性固形物含量18%，风味甜酸；果实发育期45天左右（彩图13）。

（8）早大果　乌克兰品种，2007年通过山东省级审定。平均单果重9克，果实广圆形，果柄中长；果皮、果肉紫红色，肉质较软，味甜酸，可溶性固形物含量17%；果实发育期42天（彩图14）；该品种易发生生理落果现象。

二、中熟品种

（1）美早（塔顿、7144-6）　美国品种，2006年通过山东省级审定。平均单果重9.4克左右，果实宽心脏形，果顶稍平，果柄短，果皮红色至紫红色，有鲜艳光泽；果肉红色，肉肥厚，质脆多汁，可溶性固形物含量17.6%左右，风味甜酸，品质好；抗裂果，耐贮运；果实发育期55天左右（彩图15）。

（2）美国1号　美早芽变品种，2016年通过辽宁省大连市甘井子农海局认定。平均单果重10.8克，果实宽心脏形，果柄短，果色红，可溶性固形物含量18.5%左右；品质好，裂果轻；果实发育期55天左右（彩图16）。

（3）沙米豆　加拿大品种，2007年通过山东省级审定。平均单果重9克，果实长心脏形，果柄长；果皮浓红色，有光泽，皮薄而韧；肉硬，可溶性固形物含量17%，风味浓，品质好；抗裂果，耐贮运；果实发育期55天左右，耐贮运；丰产性好（彩图17）。

（4）拉宾斯　加拿大品种，2008年通过辽宁省级审定。平均单果重8克，果实近圆形，果柄短粗；果皮、果肉红色，肉质脆硬，可溶性固形物含量17%，味酸甜；抗裂果，耐贮运；果实发育期55天（彩图18）。

（5）福星　萨米脱×撒帕克里，烟台农科院选育，2013年通过山东省级审定。平均单果重11.8克，果实短心脏形，果柄短粗；果皮果肉红色，可溶性固性物含量16.3%，果肉硬脆，味甜、微酸；果实发育期50天左右（彩图19）。

（6）先锋　加拿大品种，2004年通过山东省级审定。平均单果重8克，果实近圆形，果柄短粗；果皮、果肉红色，肉质较硬，可溶性固形物含量16%，味甜酸；抗裂果，耐贮运；果实发育期55天（彩图20）。

（7）佳红（3-41）　宾库×香蕉，大连市农科院培育，1991年通过大连市级审定。平均单果重9克，果实宽心脏形，果柄长；果皮浅黄，阳面鲜红色，果肉黄白色，可溶性固形物含量 19％左右，味甜；不耐运；果实发育期 50 天（彩图 21）。

（8）晓文 1 号 亲本不详，陕西眉县常兴镇人民政府等选育，2013 年通过陕西省级审定。平均单果重 10.5 克，果实肾脏形；果皮红色，果肉黄色，肉质较硬，风味浓香，可溶性固形物含量 15.4％左右；果实发育期 50 天（彩图 22）。

（9）红艳 宾库×日出，大连市农科所培育，1993 年通过大连市级审定。平均单果重 8 克，果实宽心脏形，果柄长；果皮底色浅黄，阳面呈鲜红色霞；果肉浅黄，质软多汁，可溶性果形物含量 18％，酸甜适口；较耐贮运；果实发育期 50 天左右（彩图 23）。

（10）丽珠（1-72） 大连市农科院选育。平均果重 10.3 克，果实肾形；果实全面紫红色，有鲜艳光泽，外观及色泽酷似红灯；肉质较软，风味酸甜，可溶性固形物含量 21％；果实发育期 50 天左右（彩图 24）。

（11）布鲁克斯 美国品种，2007 年通过山东省级审定。平均单果重 10 克，果实扁圆形，果顶平稍凹陷，果柄短粗；果皮、果肉红色，肉质脆硬，味浓甜，可溶性固形物含量 18％；耐贮运；果实发育期 50 天（彩图 25）；该品种抗裂果性较差。

（12）绣珠（2-82） 晚红珠×13-33，大连市农科院选育，2014 年通过辽宁省级审定。平均单果重 12.5 克，果实宽心脏形；果皮底色浅黄，阳面呈鲜红色霞，有光泽；果肉浅黄，肉质较软，肥厚多汁，可溶性固形物含量 19.1％，风味甜酸；较耐贮运；早果性、丰产性好；果实发育期约 55 天（彩图 26）。

（13）泰珠（1-78） 大连市农科院选育。平均单果重 13.5 克，果实肾形；果实全面紫红色，有鲜艳光泽和明晰果点；肉质较脆，肥厚多汁，风味酸甜，可溶性固形物含量 19％以上；耐贮运；果实发育期 55 天左右（彩图 27）。

三、晚熟品种

（1）金顶红 砂蜜豆芽变，大连金州区金科科技培训服务中心与金州区果树技术推广中心选育，2009 年通过辽宁省级审定。果实宽心脏形，果柄长，平均单果重 13 克；果实红色至深红色，果皮厚韧，果肉较脆，多汁，可溶性固形物含量 17.70％；果实发育期 60 天左右（彩图 28）。

（2）得利晚红（晚大紫） 大紫实生，大连瓦房店市得利寺镇农业技术推广站与大连得利高新果业有限公司选育，2010 年通过辽宁省级审定。果实近心脏形，果柄长，平均单果重 8.0 克；果实红色至紫红色，有光泽，果皮厚韧，可溶性固形物含量 18.9％；果实发育期 65 天左右（彩图 29）。

（3）艳阳 加拿大品种，2007 年通过山西省级审定。平均单果重 10 克，果实近圆形，果柄中长；果皮、果肉红色，肉质较硬，可溶性固形物含量 16％，味甜酸；耐贮运；果实发育期 60 天（彩图 30）。

（4）**雷尼** 美国品种。平均单果重 10 克，果实宽心脏形，果柄长；果皮底色浅黄，阳面着鲜红色霞；果肉黄白色，肉质较硬，可溶性固形物含量 18%；果实发育期 60 天（彩图 31）。

（5）**巨红（13-38）** 优系实生，大连市农科所培育，1990 年通过大连市级审定。果实宽心脏形，果柄长，平均单果重 10 克；果皮底色浅黄，阳面着鲜红色晕；果肉浅黄白色，肉肥厚，较脆、多汁，可溶性固形物含量 19% 左右，风味酸甜；不抗裂果，较耐贮运；果实发育期 60 天左右（彩图 32）。

（6）**晚红珠（8-102）** 优系实生，大连市农科所培育，2009 年通过大连市级审定。果实宽心脏形，平均单果重 9.8 克；果皮洋红色，有光泽；果肉天竺葵红色，肉质较脆，肥厚多汁，风味酸甜，可溶性固形物含量 18%；果实发育期 65 天左右（彩图 33）。

（7）**晚蜜** 雷尼实生，大连市旅顺口区农业技术推广中心选育，2016 年通过辽宁省级审定。果实近心脏形，平均单果重 9.35 克；果实底色呈浅黄，阳面呈鲜红色，外观色泽艳丽，果皮厚韧，可溶性固形物含量 18.4%；果实发育期 65 天左右（彩图 34）。

第二节　品种选择原则

为提高生产效益，在选择品种上，应考虑选择与栽培目的和当地自然条件相适应的品种，做到适地适栽。选择品种时首先要考虑温度、降水、日照等气候条件，栽培品种必须与之相适应，如适栽区域的偏北地区，要尽量选用耐寒力较强，抗裂果的中、晚熟品种；偏南地区应选择短低温，抗裂果的早、中熟品种；晚霜危害严重的地区，要选择耐霜害的品种。

所选品种应该是通过省级以上部门审定认定或备案的品种，还应是经当地试栽后推广的品种，没经过当地试栽的绝不可以大面积栽植。

栽培品种还要根据市场确定，一是具有消费者喜欢、品质好、果个大、颜色亮丽的性状；二是具有经销商认可的耐贮运性好和货架期长的特性。

此外，生产者还应考虑该品种的树体生长发育特性，栽培品种是否具有树体健壮、树势中庸、易成花、抗裂果、抗逆性强、丰产稳产性好的特性。

优良品种所具有的特征特性是：果个大（平均单果重在 8 克以上）、果柄短而粗（果柄长度在 2.0～3.0 厘米，粗度在 0.18～0.20 厘米以上）、品质好（含可溶性固形物 17% 以上），以及抗裂果、自花结实率高、需冷量低。

授粉品种应具有花粉量大，与主栽品种授粉亲和性好，果个大，品质好等性状。

一、露地园栽培品种选择原则

露地园要早、中、晚熟品种合理搭配，依据园面积的大小，主栽品种应在2～3个左右，以避免采收、销售过于集中。根据当地自然条件科学确定不同成熟期的品种比例。

适栽区偏南地区（山东半岛、黄河中游地区、皖西地区等）物候期早，果实成熟早，栽植早熟品种可以更早采收上市，商品价值会更高，所以这些地区应以早熟和中熟品种为主，为重点早熟栽培区。

偏北地区（辽宁大连等地区）物候期晚，相同品种的果实成熟期比偏南地区晚很多，这些地区的晚熟品种的成熟期，是南部地区果实采收结束时，有很大的市场空间，所以应以中、晚熟品种为主，为晚熟品种栽培优势区。

另外，发展旅游观光、采摘的露地生产园，栽植早、中、晚熟品种的比例应均等，不突出主栽，以延长采摘时间。果实颜色上也应红、黄色都有。

二、保护地栽培品种选择原则

以促早熟为目的温室和大棚，应选择早熟和中熟、低温需求量（需冷量）低的品种；以延晚为目的温室和大棚，应选择晚熟和极晚熟、需冷量高的品种。防雨设施栽培应选择抗裂果性差的中、晚熟和极晚熟品种，以保证高投入的栽培效益。

多年来保护地生产的实践证明，在以促早熟为目的的保护地中，栽培产量和果品销售效益表现较好的品种有美早、美国1号和佳红，这三个品种在保护地栽培中作为主栽品种，表现为果个大、果柄短粗、抗裂果、货架期长，是目前保护地中重要的主栽品种。其次还有状元红、福晨和红灯。在以延晚栽培为目的的保护地中，表现较好的有金顶红、拉宾斯、泰珠、秀珠、得利晚红、艳阳、晚红珠、雷尼和巨红等品种。

第三节　授粉品种的配置

甜樱桃品种大多自花结实率很低或自花不实，即使是自花结实率高的品种，配置授粉品种也有利于提高坐果率和产量，所以建园时必须合理配置授粉树。授粉树品种要与主栽品种有很好的亲和力，并花期相遇，还要有很好的丰产性，而且果实商品价值高，花粉量较大。

露地栽培的授粉品种对当地自然条件要有较强的适应能力；保护地栽培的授

粉品种应与主栽品种有相近的低温需求量。甜樱桃主栽品种适宜授粉组合见表 3-1。

表 3-1　甜樱桃主栽品种适宜授粉组合

主栽品种	适宜授粉品种
状元红	佳红、早红珠、明珠、雷尼、早露等
红灯	佳红、早红珠、明珠、雷尼、早露等
美早	雷尼、佳红、拉宾斯、沙米豆等
美国 1 号	雷尼、佳红、拉宾斯、沙米豆等
金顶红	佳红、雷尼、拉宾斯、先锋、艳阳等
沙米豆	拉宾斯、先锋、艳阳等
佳红	沙米豆、红灯、雷尼等

无论是露地栽培还是保护地栽培，授粉品种应不少于 3 个，栽植株数应占主栽品种的 20%～30%。

保护地栽培甜樱桃，最好不单独栽植授粉树，应以高接结果枝的方法来配置，即在每株主栽品种树上，高接 2 个授粉品种，每授粉品种嫁接 3～5 个结果枝条即能解决授粉问题。因为目前保护地栽培甜樱桃的主栽品种，主要是美早、沙米豆和红灯，其果实售价最高，减少授粉栽植数量，可以提高栽培效益。

露地园授粉树栽植方式，一般是单独成行栽植，每隔 3～4 行栽 1 行授粉树。

第四章
甜樱桃砧木资源与苗木培育

第一节　甜樱桃砧木资源

砧木是苗木的基础，对甜樱桃的生长势、寿命、产量等都有直接的影响，因此要选择适于当地土壤、水质以及气候等自然条件，并与其嫁接的品种亲和力好，高产、优质的砧木品种，为早产、早丰、优质奠定基础。目前生产上常用的甜樱桃砧木分矮化和乔化两种类型，为了使所栽品种长势一致，可将具有长枝性状的、长势较旺盛的甜樱桃品种嫁接在矮化砧木上，诸如美早、红灯等品种；将具有短枝性状的、长势较弱的甜樱桃品种嫁接在乔化砧木上，诸如拉宾斯、沙米豆等品种。

一、乔化砧木

1. 中国樱桃（草樱桃、小樱桃）

中国樱桃广泛分布于山东、山西、陕西、河南、四川、江苏和浙江等省，为小乔木或灌木型，株高 2～3 米，树干暗灰色，枝叶茂盛，叶片卵形或长卵圆形，暗绿色；花白色或略带红色，花期早；果实圆形或卵圆形，果较小，单果重 2～3 克，果皮红色、橙黄色或黄色，果柄有长、短两种。果肉多汁，味酸甜，皮薄不耐运（图 4-1）。中国樱桃在我国是广泛栽培的樱桃树种之一，也是被广泛用作甜樱桃砧木的品种之一。中国樱桃 2 年开始结果，4～5 年进入丰产期，与甜樱桃嫁接亲和力强。其缺点是根系分布较浅，遇强风易倒伏。作砧木时多采用种子直播、硬枝或嫩枝扦插、分株或压条繁殖。中国樱桃树体抗寒力差，在辽宁、河北两省的南部地区抽条和冻害严重，在其北部地区则不能越冬。中国樱桃适宜沙壤土和壤土栽植，在黏重土壤中，有根癌病发生。

图 4-1 中国樱桃

图 4-2 山樱桃

2. 山樱桃（青肤樱、野樱花）

山樱桃分布于辽宁的本溪、凤城、宽甸，吉林的集安、通化等地。为乔木型，高 3～5 米，树皮深栗褐色，叶片卵圆形至卵圆披针形，深绿色，花瓣白色至粉色，果个极小，单果重 0.4～0.5 克，果实卵球形，果皮红紫或黑紫色，果肉薄，无食用价值。4 月下旬开花，6 月中、下旬果实成熟（图 4-2）。山樱桃不易发生根蘖，主要用种子繁殖。其优点是用种子繁殖砧木苗快而容易，生长旺，当年可嫁接。嫁接成活率高，春季和秋季采用木质芽接法嫁接，其成活率可达90％以上。山樱桃树体生长健壮，抗寒力强。其缺点是嫁接口高时，小脚现象严重，但不影响生长发育。山樱桃适宜沙壤土和壤土栽植，在黏重土壤中，有根癌病发生。

3. 马哈利樱桃

马哈利樱桃是欧美各国广泛采用的樱桃砧木，原产于欧洲东部和南部。乔木型，高 3～4 米，一年生枝黄褐色，叶片圆形至卵圆形，花瓣白色，果实小，球形，黑紫色，味苦涩，不能食用（图 4-3）。根系发达，抗旱，但不耐涝、不耐盐碱，不宜在质地黏重的土壤上栽植。此砧木主要用其种子繁殖砧木苗，种子萌芽率高，砧木生长健壮，与甜樱桃嫁接亲和力较强。

4. 兰丁

兰丁系列的砧木是北京市农林科学院林果所，于 1999 年用甜樱桃品种"先锋"为母本，中国樱桃种质"对樱"为父本，进行远缘杂交所得，于2014年通过北京市林木品种审定委员会审定。

兰丁1号（代号F8）：易于繁殖，嫁接亲和力好，嫁接口愈合平滑、坚固，根系发达，固地性好，抗根癌能力强，耐褐斑病，较耐盐碱，耐涝、耐瘠薄（彩图35）。嫁接树整齐度高，树势强，成形快，较丰产，其果实产量和品质良好。该品种抗根癌和褐斑病能力强，适合山区、丘陵区和土壤瘠薄地区栽培。大小脚现象不明显，进入结果期后，花束状果枝比例迅速增加，产量不断提升，年新梢生长因负载量的加大而减缓，需加强春季修剪，合理负载。

图 4-3　马哈利樱桃

兰丁2号（代号F10）：为兰丁1号的姊妹系（彩图36）。兰丁2号绿枝扦插生根率高，繁殖力强；嫁接亲和力好，嫁接口愈合平滑、坚固；根系发达，固地性好。综合抗性较强，较抗根癌病，耐褐斑病，较耐盐碱，耐涝性和抗重茬能力好。嫁接树整齐度高，树势健壮，树姿开张，萌芽率高，成枝力强，早果性好，较丰产，嫁接品种果实品质优良。适合在平原地区栽植。兰丁2号根系长度可达到距树干2米，深度可达90厘米（彩图37）。

5. 酸樱桃（玻璃灯、琉璃泡、长把酸、毛把酸）

酸樱桃在山东省部分地区应用普遍。其根系发达，固地性强。为小乔木型，高2～4米，1～2年生枝紫褐色，叶片小、倒卵形、深绿色，花瓣白色，单果重4～5克，果皮红色或紫红色，果实圆形或扁圆形，肉质较软，味酸（图4-4）。其果实很少鲜食，主要用于加工罐头、果汁等，其种子用作繁殖砧木苗嫁接甜樱桃。酸樱桃与甜樱桃嫁接亲和力强，嫁接株生长旺盛，丰产、寿命长。但在质地黏重土壤中树体生长矮小，易感染根癌病。

二、矮化砧木

目前生产中普遍应用和表现很好的矮化砧木主要有吉塞拉和 ZY-1（郑引一号）。

1. 吉塞拉樱桃（Gisela）

吉塞拉系列樱桃是德国培育的矮化砧木，为欧洲酸樱桃与灰毛樱桃的杂交后

图 4-4　酸樱桃

代，是山东省果树研究所 1998 年从美国引入的矮化砧木。引入后最先在生产中栽培的是吉塞拉 5 号，后因栽植在地力水平较差地块上的和嫁接了具有短枝性状的品种，丰产后出现了早衰现象，所以目前生产中普遍应用的是吉塞拉 6 号，嫁接在吉塞拉 6 号砧木上的甜樱桃，表现早果、丰产，2～3 年生即可开花结果。抗病、耐涝、树体矮化、土壤适应性广、固地性能好。吉塞拉树体分枝角度较大，树形自然开张，根系发达，适于多种类型的土壤栽培。

吉塞拉樱桃为三倍体杂交种，开花多、结果极少（彩图 38）。

2. ZY-1（郑引一号）

ZY-1 是中国农科院郑州果树研究所 1988 年从意大利引进的樱桃半矮化砧木（彩图 39）。其自身根系发达，萌芽率、成枝力均高，分枝角度大，树势中庸，根茎部位分蘖少。与甜樱桃嫁接亲和力强，成活率高，进入结果期早，3 年可结果。具有显著的矮化性状，幼树期植株生长较快，成形快，进入结果期之后长势显著下降，一般嫁接树树冠高 2.5～3.5 米。ZY-1 砧木易生根蘖，栽培中注意及时铲除。此砧木多采用组织培养法培育砧木苗。

以上几种砧木是目前生产中常用的优良砧木资源，与甜樱桃嫁接有很好的亲和力，在生产中普遍应用。但在生产中也有利用毛樱桃作砧木嫁接甜樱桃的方法，为了探讨毛樱桃在甜樱桃苗木繁育中的利用价值，且便于果农正确区分毛樱桃与山樱桃的不同，下面将毛樱桃的特征特性和应用情况作一详细介绍。

毛樱桃，也称山豆子、梅桃、山樱桃、小樱桃。毛樱桃广泛分布于全国各地，为灌木型，高 2～3 米，树皮灰褐色，叶片绿色、密集，倒卵形至宽椭圆形，有皱有毛，花瓣白，略带粉色，果个小，单果重 1～2 克，果实圆形或卵圆形，果皮有红色、黄色或白色，稍带短绒毛，果柄极短，果味甜酸（图 4-5）。其果实很少鲜食，种子用作繁殖砧木苗，主要是嫁接李、杏和桃，是不宜作嫁接甜樱桃砧木的。

近年来有关单位研究用其作基砧，用李或桃作中间砧嫁接甜樱桃的试验，其嫁接成活率在80%以上，但成苗率不是很高。此种嫁接方法，在促进甜樱桃早果和矮化方面有明显的效果，尤其是用毛樱桃作基砧，用伏李子作中间砧，嫁接甜樱桃获得成功，在早果和矮化方面有显著的效果，但在树体寿命上还存在一定问题，幼树期易发生死树现象，因此此方法还有待进一步研究探讨。

图4-5　毛樱桃

毛樱桃种子与山樱桃种子大小与形状相似，生产中经常有被当做山樱桃种子误引的，引种者应注意。山樱桃种子较圆，每千克湿种子7600~8000粒，毛樱桃种子较山樱桃种子略大、略长椭圆，每公斤湿种子6500~7500粒。

另外，酸樱桃也被称为大樱桃，生产中有被当做甜樱桃误引进温室栽培的，北方果农引种时应注意。

第二节　苗木培育

培育甜樱桃苗木，应先繁育砧木苗，再将甜樱桃的枝或芽嫁接在砧木苗上，从砧木播种（扦插）到嫁接出圃需两年完成。

一、砧木苗的培育

砧木苗的繁育方法主要有种子直播法、枝条扦插法、分株法以及组织培养法等。生产中山樱桃、马哈利、酸樱桃和中国樱桃多采用种子直播法来培育砧木苗，中国樱桃还可采用扦插或分株等方法来培育砧木苗。ZY-1多采用组织培养法来培育砧木苗。吉塞拉和兰丁多采用嫩枝扦插法和组织培养法来培育砧木苗。

1. 种子直播法

用种子繁殖砧木苗成本低，繁殖系数大，根系旺盛粗壮，是生产中应用最多的方法。

（1）种子采集与处理　砧木种子的采集必须在果实充分成熟后进行，采后洗净果肉并漂去秕种，于阴凉处将种皮稍微晾干，不可以曝晒和完全干燥，曝晒干

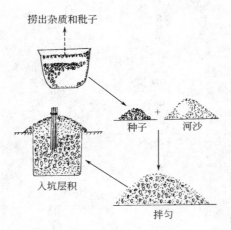

捞出杂质和秕子

种子 + 河沙

入坑层积

拌匀

图4-6 种子层积方法

燥会使种子丧失生命力,因此,种子表皮稍干后应立即沙藏,也就是层积处理。沙藏时,沙的湿度以手握成团松手即散为宜。沙藏坑应选择背阴冷凉干燥处,挖50厘米深的长条坑,长宽视种子数量而定,坑底先铺20厘米厚的湿沙,将种子与干净过筛的细沙按1:5的比例混拌均匀后,放入坑内或装尼龙纱网袋平放坑内,中间束一秫秸把,上盖细湿沙高出地面,坑上搭防雨盖,防止坑内积水引起烂种(图4-6)。

种子贮藏期间要定期检查,防止高温和鼠害。砧木种子层积时间一般为100~180天,种子开壳后即可播种。若春季播种较晚,贮藏坑温度超过2℃以上时,应将种子取出贮藏至0℃冷库中,以防止萌芽达2毫米以上,影响出苗率。

(2)播种及播后管理 春秋两季均可播种。春季播种时间为土壤解冻后,秋季播种应在土壤结冻之前。温室播种可在11月份种子开壳后进行。多采用营养钵或穴盘育苗,春季再移入露地栽培。温室内播种要先将层积好的种子进行室内催芽处理,室温保持在20℃左右,种子露白后,即可进行播种。

田间播种应选择背风向阳的地块,土壤质地为沙壤土或壤土,苗圃地应有灌溉和排水条件。播种方法一般采用垄播,因垄播便于嫁接和管理,播前细致整地,垄宽50~60厘米,或平地开沟条播。播后压平底格,上覆潮湿细沙5~6厘米厚,若土壤墒情不好,开沟后先打底水再播种,不压底格,直接盖细沙。盖沙后上覆地膜保墒,待种芽顶土时,在膜上扎孔通风,出苗后顺行将地膜划开,2~3天后去除地膜。

山樱桃种芽顶土能力弱,种子上覆土或萌芽后再播种,都不能保全苗。每亩用种量山樱桃为8~10千克,中国樱桃为10~12.5千克为宜。

砧木苗出土后注意防治立枯病。生长期应加强肥水管理,适当蹲苗。嫩茎木质化后,要追施速效肥料,每亩追施尿素5千克,磷酸二铵5千克,共追2次,每次追肥后及时灌水。7月上、中旬以后适当控制肥水,并进行叶面喷施0.3%~0.5%磷酸二氢钾,促使幼苗粗壮,便于嫁接和增强其越冬能力。8月下旬至9月上旬,若苗木粗度达0.4厘米以上时可进行带木质部芽接。冬季最低温在-18℃以下的寒冷地区可于第二年春季嫁接。用中国樱桃种子播种的砧木苗,冬季需将根茎嫁接部位埋土防寒。

2. 枝条繁殖法（扦插繁殖）

枝条繁殖法分为硬枝扦插和绿枝扦插两种方法。

（1）硬枝扦插 插穗采自母株外围的一年生发育枝，粗度为 0.5～1.0 厘米、长 15 厘米左右，上端剪平，基部剪成马蹄形。若在冬季采条，暂不剪成插穗，每 50～100 根一捆，贮藏于地窖或贮藏沟内，用湿沙（湿沙的相对含水量 60％）封存，扦插时再剪成插穗。冬季贮藏期间，注意保持适宜的温、湿度，防止冻害和积水，没有冻害地区也可在春季随采随插。

硬枝扦插多采用高畦宽行扦插和高垄扦插法。高畦每畦双行，行距 30 厘米左右，株距 15 厘米；高垄单行垄高 10～12 厘米，垄距 30 厘米，株距 10 厘米，垄和畦上覆地膜。插前用 ABT 生根粉浸插条基部 2～8 小时。然后将插穗呈 60°斜插入内，倾斜方向要一致，地膜外仅露一芽，插后灌水（图 4-7）。在发芽期间适量浇水，尽量减少浇水次数，以防降低地温影响生根。插后 25 天左右生根，生根后注意加强肥水管理，雨季注意排涝和病虫害防治，硬枝扦插一般到秋季时都可以达到嫁接粗度或出圃标准。

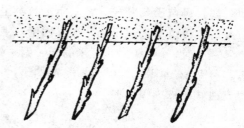

图 4-7 硬枝扦插

（2）绿枝扦插 多在 6～9 月份，多采用塑料大棚扦插并加盖遮阳网。选择半木质化、粗度在 0.3 厘米以上的当年生枝，剪成长度 15 厘米左右的枝段作插穗，摘除其下部叶片，保留上部 2～4 叶片，随采随插。扦插基质采用消毒的河沙、蛭石、珍珠岩等铺在苗床内，厚度 20 厘米左右。扦插时，插条基部剪成斜面后蘸生根剂，呈 70°～90°斜插或直立插入基质苗床中，深度为插穗长度的 1/2。插后采用弥雾装置保持空气湿度在 90％以上，温度保持在 30～40℃，并且每周喷一次杀菌剂（彩图 40）。生根后，逐渐降低空气湿度，增加光照和通风量，待新梢长出 10 厘米左右时，选阴雨天移栽至露地苗圃，或第二年春季移栽露地苗圃中。移栽后及时浇水，成活后加强病虫防治和肥水管理。易发生冻害的地区冬季需防寒保护，到翌年春、夏或秋季才能嫁接。

3. 分株繁殖法

分株繁殖法分为母树压条分株、母苗压条分株、母树培土分株和母苗平茬分株四种方法，多用于中国樱桃砧木繁殖。

（1）母树压条分株 选择丛状或开心形树型的、生长健壮、枝条粗细较一致的中国樱桃树作为母树，于春或夏季，将母树靠近地面的分枝或侧枝，呈水平状态压埋于地表下，生根后于秋季或翌年春季将已生根的压条剪断，分出新株（图 4-8）。

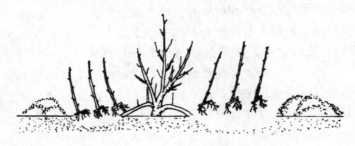

图 4-8　母树压条分株

（2）母苗压条分株　将一年生苗木呈 45°角斜栽，株距约等于苗高，当苗木萌芽后，将苗木水平压倒并加以固定，上覆细沙或壤土约 2 厘米，新梢约 5～10 厘米左右时，按 10～15 厘米的间距留一新梢进行疏间，然后再覆壤土 10 厘米左右，苗高 30 厘米左右时再覆一次壤土，覆土前施入复合肥。秋季起苗时，分段剪成独立植株（图 4-9）。

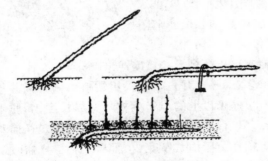

图 4-9　母苗压条分株

（3）母树培土分株　选择丛状树形、生长健壮的中国樱桃或酸樱桃树作为母树，早春在树冠基部培起 30 厘米高的湿土堆，促使根部发生根蘖苗，或枝条基部生根（图 4-10）。落叶后或翌年春季萌芽前对已生根的萌蘖切离母株，形成独

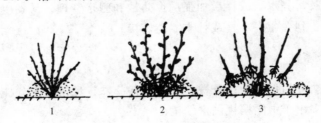

图 4-10　母树培土分株
1—春季培土；2—初夏培土；3—分株

立的苗木个体。

（4）母苗平茬分株　春季将一年生苗从地表 5～8 厘米处剪断，待萌芽长出 20 厘米左右时，用湿润土壤进行第一次培土，培土时将过密的萌蘖分开，以利于均衡生长，待萌蘖苗高 40 厘米左右时再培一次土。两次培土后都要进行浇水和施肥等管理。秋季落叶后扒开土堆分株，分株后应对母苗培土防寒（图 4-11）。

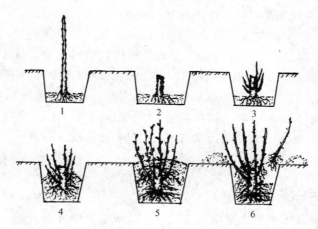

图 4-11　母苗平茬分株

1—定植；2—剪砧；3—萌蘖；4—第一次培土；
5—第二次培土；6—分株

4. 组织培养繁殖

此法培育樱桃砧木苗，不仅繁殖速度快，而且利于保护其优良特性。其方法步骤如下。

（1）外植体消毒与接种　取田间当年新梢或一年生枝条，去叶，用自来水将表面刷洗干净，剪成一芽一段，放入干净烧杯，进入超净工作台消毒，常用消毒剂为 70% 酒精，0.1% 新洁尔灭，0.1% 升汞（$HgCl_2$），三者可配合使用。

先用 70% 酒精浸泡 2～4 秒，再放到 0.1% 新洁尔灭中 15 分钟，再用 0.1% 升汞消毒 5～10 分钟，其间用无菌水冲洗 2～3 遍，然后剥去叶柄、鳞片，取出带数个叶原基的茎尖接入培养基，半包埋。樱桃培养基多采用 MS 培养基，附加 BA 0.1～1.0 毫克/升＋IBA 0.3～0.5 毫克/升，蔗糖 30 克/升。

（2）初代培养和继代培养　茎尖接种后放到培养条件为光照 3000 勒克斯 8～10 小时、暗 14～16 小时、温度 26℃±2℃ 的环境中，经大约 2 个月的初代培养，每个生长点可长到 2～3 厘米长，并已形成多个芽丛，这时便可进行继代培养，将每个芽丛切割下来，转接到培养基上进行增殖培养。其后，大约每 25 天进行一次继代培养，每次芽的增殖数约为 4～6 倍。

(3) 生根培养 上述增殖培养的芽长到 3 厘米左右时，即可用于生根。生根培养基多采用 1/2MS 培养基＋IBA 0.1～0.5 毫克/升。有的种或品种需加生物素或 IAA 或 NAA 等，蔗糖 20 毫克/升。

接种在生根培养基上培养 20 天左右，芽的基部即可长出根，成为完整苗。生根苗长到 3～5 厘米高时即可锻炼移栽（彩图 41）。

(4) 移栽 组培苗在人工培养条件下长期生长，对自然环境的适应性较弱。移栽前需要一个过渡阶段，即锻炼。将培养瓶移至自然光下锻炼 2～3 天，打开瓶口再锻炼 2～3 天后，取出生根的砧木苗，先洗净根系上的培养基（避免培养基感染杂菌致苗死亡），再移入基质营养钵或穴盘中，将移栽后的砧木苗放在有塑料膜覆盖的温室或大棚中，保持适宜的湿度和温度。温度保持在 20～28℃，湿度保持 80%～90%，光照强度为 3500～4000 勒克斯。锻炼一个月左右，5 月下旬至 6 月上中旬即可移入田间。

二、甜樱桃苗的培育

培育甜樱桃苗木主要是采用嫁接的方法，嫁接时期分春、夏、秋三季，春季嫁接宜在 3 月中下旬开始，即树液流动后至萌芽初期进行。夏季嫁接宜在 6 月初至 6 月底以前，过晚，当年成熟度不够不易成苗，南方可稍晚。秋季嫁接宜在 8 月底至 9 月中旬进行，过早易萌发，不利越冬，过晚不易愈合。各地气候不同略有差异。

嫁接苗木前 7～10 天，要将砧木苗圃浇一次透水，待地表稍干时开始嫁接，嫁接前还应选取接穗，并备好 0.6～1 厘米宽、20 厘米左右长的塑料条。

夏、秋季嫁接时，可在接前 1～2 日选取当年生木质化程度高的发育枝，取后立即去掉叶片，留短叶柄。春季嫁接的，需在上年的秋季落叶后选取一年生发育枝，用湿沙贮藏或装在塑料袋内密封放在 0～5℃条件下贮藏，无冻害的地区可在春季萌芽前选取。

田间嫁接时，接穗应放在装有 3～5 厘米水的水桶中，远途携带时用湿布袋包装，内填湿锯末或湿纸屑，注意冷藏运输。

1. 嫁接方法与嫁接时期

(1) 木质芽接法 木质芽接法是繁育甜樱桃苗最佳的一种嫁接方法，春、夏、秋三季都可应用，成活率高，但夏季采取木质芽接法，较 "T" 形芽接法愈合慢。

木质芽接法是先在接穗叶芽的下方约 0.5 厘米处斜横切一刀，深达木质部，再在芽上方1.5～2.0厘米处向下斜切，深达木质部2～3毫米，削过横切口，取下带木质的芽片。然后在砧木基部选光滑处横斜切一刀，再由上而下斜削一刀达横切口，深度约2～3毫米，长度及宽度与芽片相等，将削好的芽片嵌入砧木的切口内，使形成层密切吻合。若砧木粗度大于或小于芽片，则要保证一侧的形成层对齐，然后用塑料条自上而下绑紧即可（图4-12、图4-13）。

 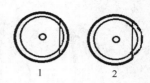

图4-12 木质芽接法　　　　　图4-13 对齐形成层
1—取接芽；2—芽片；3—削砧木；　　1—两侧对齐；2——侧对齐
4—砧穗结合；5—绑扎

（2）"T"形芽接法　嫁接时期为6月上旬至6月下旬，过早接穗皮层薄，芽嫩不易成活，过晚接芽护皮不易剥离，而且到秋季时苗木成熟度也不好，影响苗木质量。

先将砧木苗距地面2～5厘米处的泥土抹干净，在其光滑处横切一刀，深达木质部，刀口宽度为砧木干周的近一半，并在切口中间处向下竖划一刀。然后削接芽，先在接芽的上方0.6～0.7厘米处横切一刀，刀口宽度为接穗直径的一半，再由芽下1.5厘米处向上斜削，由浅入深达横刀口上部，然后用左手拇指和食指在芽基部轻轻捏取芽片，再拨开砧木"T"字接口，把芽片迅速插入，使芽片横刀口与砧木的横刀口对齐后捆扎（图4-14）。

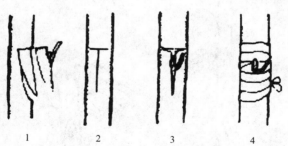

图4-14 T字形芽接法
1—削取接芽；2—切砧木；3—砧芽结合；4—绑扎

采用"T"形芽接法嫁接甜樱桃，对嫁接技术和接穗等要求严格，必须熟练掌握，才能提高成活率。

（3）舌接法　舌接法多用于高接换种，高接换种当年嫁接当年即可形成花芽。或常用于砧木粗度大于接穗粗度时的嫁接方法。嫁接时期为春季萌芽期。

先将砧木（或砧枝）剪断，在横切面的一侧1/3处纵切一刀，长约3厘米，然后自纵切口下端另一侧向上斜削至纵切口处，形成大斜面。接穗削法与砧木相同，接穗要保留3～4个芽，先在横断面1/3处纵切3厘米长一刀，再把厚的一面削成长斜面，然后将接穗斜面与砧木的斜面插接在一起，形成层对齐，然后用塑料条绑紧即可（图4-15）。

图4-15　舌接法

1—削开砧木；2—再斜削；3—削接穗；4—砧穗结合后绑扎

2. 嫁接后的管理

（1）**剪砧**　夏季采用"T"字形芽接和木质芽接的，接后在接芽上留10片叶剪断砧木，或在接芽上留4～5片叶处折砧（图4-16），待接芽长出7～10片叶时剪断砧木；秋季嫁接的接后不剪砧，待第二年春萌芽时在接芽上1～1.5厘米处剪断砧木；春季木质芽接时，在接芽上留20厘米左右剪砧，待接芽长出7～10片叶时在接芽上留1.5～2厘米剪砧（图4-17）。

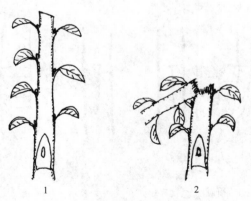

图4-16　夏季嫁接后砧木的处理方法

1—芽上留7～10片叶剪砧；2—芽上留4～5片叶折砧

（2）**检查成活率**　夏季嫁接的接后10～15天应检查成活情况，接芽表皮新鲜、叶柄一触即掉的表明已成活，叶柄褐枯不掉的说明没成活（图4-18）。

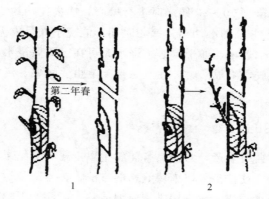

图 4-17　秋、春季嫁接剪砧时期和方法

1—秋接；2—春接

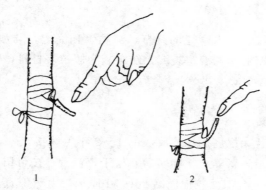

图 4-18　检查成活率

1—已成活；2—没成活

（3）除萌　嫁接的苗木在接后要随时摘除接芽上面和下面的萌蘖（图 4-19），这项工作要多次进行。

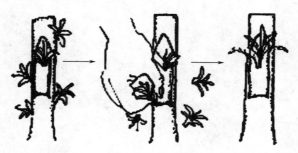

图 4-19　除萌蘖

（4）绑扶和摘心　接芽萌发后，遇风极易从嫁接口部位折断或弯曲，因此必

要时注意绑扶，待苗高 70～80 厘米时进行摘心，摘去先端约 20 厘米，当年可以培养成具有 4～6 个分枝的小幼树，摘心时期不能晚于 6 月末。

嫁接后不要浇水过早，如干旱必须浇水时可在一周后浇水，注意水不要漫到接口，以免引起流胶影响成活，并注意防治毛毛虫、蟒象、尺蠖、梨小食心虫和叶斑病。

三、甜樱桃幼树的培育

从事保护地甜樱桃生产，必须具备 4 年生以上树龄的结果幼树，露地不能安全越冬的寒冷地区，往往是采取南树北移的方法，为了降低运输成本，可采取露地假植方法培育结果幼树，冬季用拱棚保温或移入贮藏沟保温，翌年春再移入露地假植培养，达 4～5 年生时再定植于保护地内。

1. 准备营养土和假植袋

用腐熟的牛粪或农田中腐烂的杂草、豆秸、稻壳等，与沙壤土配制成 2:1 的营养土，利用废旧的尼龙编织袋或无纺布袋为假植袋材料，假植袋直径为 40～50 厘米，高 30～40 厘米。

2. 假植方法

选用无病毒病、无根癌病和流胶病的 1～2 年生嫁接苗木，第一年春将苗木置入假植袋中央，填入营养土，蹾实后栽植于育苗圃，按台田式栽植，株行距为（1～1.5）米×2 米，台田面较地面高 20～30 厘米，上窄下宽，栽后浇透水。秋季落叶后土壤结冻前将苗木连同营养袋起出，起苗前将没有脱落的叶片剪除，将苗木倾斜 20°～30°排放在沟内，沟深 30～40 厘米，假植袋之间用潮湿土壤填充不留空隙，上覆一层塑料，塑料上覆 1～2 层草苫，可以防寒越冬。第二年春季萌芽前揭开防寒物，栽植于苗圃。以此方法重复管理，但不要重茬栽植。

第五章
甜樱桃园的规划和建设

第一节　露地甜樱桃园规划与建设

甜樱桃为多年生果树，其生长发育与外界条件密切相关，建园前的规划和设计至关重要，良好的生态环境条件能有效地促进甜樱桃的健壮发育。建园时首先要注意甜樱桃不能和其他果树重茬栽植，尤其是不能与核果类果树重茬栽植，其次是园址地势不能低洼，而且要有良好的灌排水条件等。

一、园址规划

为充分发挥园区各生产要素的效能，要从生产现代化的高度，对甜樱桃园的小区、道路、防护林、水利和喷药设施、仓房等进行科学整体规划。

1. 小区规划

小区规划的原则是使同一小区内的土壤、小气候、光照等条件基本一致。小区面积、形状、道路宽窄要因不同地势而异。地势平坦、土壤差异较小的，每小区面积以30～50亩为宜；山丘地区地形复杂、土壤差异较大，小区面积要适当缩小，一般是以5～10亩，或数道梯田为一个小区。平地小区多采用长方形，南北行向，小区长边应与风向垂直，以利防风；山坡地边长要与等高线平行，便于耕作和水土保持。

2. 道路规划

果园道路一般分支路和主路两种。支路供车辆机具通行，位于小区之间，其宽度根据运输量及常用车辆、机具种类（型号）设计，通常为3～5米；主路用以连接各支路和果品分级、包装、贮藏加工等场所。山地、丘陵或梯田果园，多用梯田边缘、田埂作为支路，而主路则应顺坡修筑迂回上下，以利水土保持。道路要与水土保持工程、防护林等设施统筹规划安排，以求节约用地。

3. 防护林规划

防护林能降低风速，改善果园小气候，为果树生长创造良好的小气候环境。在风、沙、旱、寒害严重地区，为避免或减轻不利生态因子对甜樱桃生长发育的不良影响，必须营造防护林。

防护林的防风效果，因林带的结构和宽度而异，防护林由主林带和副林带构成。主林带一般多与当地主害风向垂直，如因地势、河流等影响，也可有15°～30°的偏角，其宽度10～20米；副林带与主林带垂直，一般宽5～8米。主林带间距300米左右，副林带间距500米左右。防护林树种，要选用对当地自然条件适应能力强、与甜樱桃没有共同性病虫害、生长迅速、经济价值比较高的树种。

4. 排灌系统规划

排灌系统是果园的重要基础设施，在建园中要和其他设施工程统筹规划。

（1）灌溉系统　目前我国甜樱桃园的灌溉方式很多，传统的方法有沟灌、畦灌（树盘灌）、穴灌和滴灌等。科学节水的方法是滴灌和渗灌。沟灌和畦灌要有水渠或水管，滴灌、渗灌和喷灌要有管路配套设施。不论哪种灌水方式，都必须安排好水源和动力（电）源。

（2）排水系统　排水系统由干沟、排水支沟和排水沟组成，山地丘陵果园还要在园的上方挖截水沟，在排水沟末端修筑蓄水塘。

排灌系统要遵照灌水方便、排水畅通，节水、省地，有利于水土保持和减少施工量的原则规划安排。

5. 辅助设施规划

樱桃园的辅助设施包括管理用房、仓库（工具、农药、化肥库等）、机具室、药物配制池、分级包装场及积肥饲养场（畜禽）等。这些设施的规模要根据果园大小而定。配药池与积肥场一般设在果园小区中心，仓库、包装场要设在作业室附近。

二、基本工程建设

园地基本工程主要是土壤改良工程和水土保持工程，栽树前必须完成土壤改良、灌排水渠道和梯田整修等工作，尤其是老果园改植和更新的地段，必须进行客土改造。

1. 土壤改良

甜樱桃对土壤条件要求较高，适宜栽植的土壤是土层深厚、质地疏松、通透性好、保肥保水能力较强、土壤肥力较高的沙壤土和富含磷钾等矿质营养的砾质壤土。

对土质黏重、结构不良、沃土层浅、肥力很低的土壤，应进行土壤改良。土壤改良常用的方法是挖栽植通沟或全园深翻。栽植沟一般宽1.5米左右，深翻的深度多为0.7～1.0米。如园地土质很差，则应实施客土的方法，客土就是将其他地方的优质壤土换至该园中。目前，在辽宁大连甜樱桃栽培区，果农们通过多年生产实践，总结出将风化的富含磷、钾、钙、镁等营养元素的片母岩石片土壤，作为客土来栽培甜樱桃，取得了很好的效果（彩图42）。如果因条件所限无法在栽前做好土壤改良的，则应在栽树后逐年深翻扩穴（图5-1）。

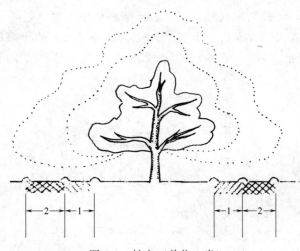

图5-1　扩穴（单位：米）

1—第一次扩穴；2—第二次扩穴

2. 水土保持工程建设

在丘陵坡地或易涝地块建园，为防止水土流失和涝害，要有必要的水土保持工程，生产中常见的有台阶式梯田和鱼鳞式梯田两种。

（1）台阶式梯田　在沿等高线栽植，坡面比较整齐时，可在1～3行树的范围内，修成整齐的台阶式梯田。这种梯田整齐，作业方便，是最好的形式，在条件允许的情况下，应尽量采用这种形式。

（2）鱼鳞式梯田　在园地坡度较大，栽植行距较小或树体已长大的情况下，修台阶式梯田，会因梯田面太窄，影响树体生长发育。这样只能在每株树的外方修成突出半圆状坝墙，形似鱼鳞，故称为鱼鳞式梯田。这种梯田因不便于作业，在新建园中应用较少，只在老园改造中应用。

三、苗木栽植

1. 土壤准备

首先要按照设计行向和株行距对全园土壤进行平整。平整后，如已进行过全园深翻，可挖直径1米、深0.6～0.8米的定植穴，如没有全园深翻，则宜挖定植沟（通沟），一般沟深0.6～0.8米，宽1.5～2.0米。沟（穴）底填20～30厘米碎秸秆、杂草等，其上加20厘米左右厚的死土层的土，然后将肥料和表土混合均匀填入沟（穴）内，填入的肥料要以优质农家肥为主（发酵的牛、羊和马粪），施入量一般按每亩填10～15立方米（或每株50～100千克）计算，如果农家肥养分含量低，可适当加入复合肥，如土壤缺某种元素，则可一并施入。

回填后的沟或穴，要灌透水沉实。为使定植沟（穴）的土壤能够充分沉实，最好在土壤结冻前（秋末至冬初）完成土壤准备工作，以防苗木栽后下陷（图5-2）。

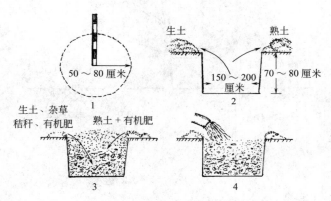

图5-2　挖栽植沟与回填

1—确定栽植穴；2—分别堆放沟土；3—回填；4—放水沉实

全园淘汰的樱桃和桃、李、杏等核果类果树或其他果树的园，未经2～3年轮作休闲，不宜再栽甜樱桃，如果受土地条件限制，必须再植甜樱桃时，必须采取一系列有效防治再植障碍的技术措施。

（1）土壤农业技术处理　主要是轮作、休闲、清园、深翻和增施肥料。

老树淘汰后，要休闲和轮作2年以上，此期间每年要至少耕作两次、翻晒土壤，并注意肥培土壤，改善其通透性。可采用三叶草、苜蓿为轮作或间作物。

老树拔出后，要尽量将它们的残根、落叶及园中杂草清除干净，集中焚烧或深埋，这样可以消灭大量的容易导致再植障碍的病虫害。栽树前要全园深翻，把穴土翻起晾晒，定植时要尽量避开原栽植穴。

及时足量补充某些矿质元素，特别是微量元素，对防治因营养元素缺乏而引起的再植障碍有很大作用；增施有机肥，能够改善土壤结构，增强土壤通透性，提高土壤肥力，建造有利于有益微生物活动的条件，对防治再植病虫害也是有较大作用的。

（2）土壤物理方法消毒　主要是利用热能、太阳光和射线辐射，杀灭有害生物。保护地栽培更易采用这种方法。具体方法是用特别的材料（塑料布等）覆盖土壤为其加热。试验表明，50℃土温维持 4 小时，可部分消除再植病害，70℃土温维持 4 小时，可完全消除再植病害。

（3）土壤生物措施处理　施用泡囊丛枝状菌根真菌，使其与樱桃根系形成共生体，扩大根系吸收面，有一定克服再植障碍的作用。美国等一些发达国家及我国山东省的试验表明，在用药剂对土壤消毒后，再施用菌根真菌，防治再植障碍的效果更好。

2. 苗木处理

苗木处理包括如下几方面。

（1）苗木挑选与分级　要挑选符合质量标准、无病虫、无机械损伤的优质苗木（图 5-3），挑选好的苗木要按不同粗度和高度分级，把不同大小的苗木分开栽，使一个小区（或数行）的苗木大小整齐，以利栽后根据苗木（幼树）的不同长势区别管理。不要把大小不一的苗混栽。

（2）苗木栽前处理　栽一年生苗木，在栽前要将根系放于水中浸泡 12 小时左右，使其吸足水分，蘸上泥浆再栽植更有利于成活。

如果移栽大苗，起苗时要从树冠外缘向内挖，要保持根系完好不受伤、不断根；起出后立

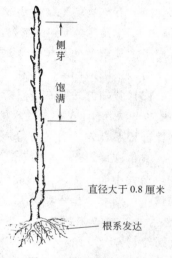

图 5-3　优质苗木标准

侧芽
饱满
直径大于 0.8 厘米
根系发达

即栽植，远途运输的要用塑料将根系包严，里面撒些湿土或湿锯末，以防根系失水抽干。

为防根癌病、线虫等病虫害，根系栽前要用消毒药剂消毒，如 15～30 倍液根癌灵（K84）或 0.3～0.5 波美度石硫合剂等药剂蘸根，随蘸随栽植，不可以久放。

3. 栽植

栽植前首先要确定栽植方式、密度和栽植方法等。

（1）栽植方式与密度　栽植行向以南北向为好，利于通风透光，利于提高光能利用率。栽植方式平原地以台田式为好，台面高出地面 20～40 厘米，采用这

种方式土壤透气性好，也有利于排水。

栽植密度要由品种、砧木特性、土壤肥力、栽培方式等相关因素合理确定。一般来说，栽植乔化苗木的株行距要大于矮化苗木的株行距，栽植在土壤肥力较高园的株行距要大于土壤肥力较低的。一般乔化苗株行距应在 3 米×4 米或 3 米×5 米或 4 米×4 米左右，即亩栽 55 株或 44 株或 41 株；树势较弱的品种或矮化苗，及土壤肥力较差的园应适当加密栽植，株行距可为 2 米×4 米或 2.5 米×4 米或 3 米×4 米，即亩栽 83 株或 66 株或 55 株。

（2）栽植时期 于秋末冬初落叶后和春季发芽前均可栽植。

秋末冬初栽植有利于根系愈合，开春时根系活动早，可早分生新根，早吸收水分和养分，使树体更早进入生长期。但由于甜樱桃抗寒力弱，露地越冬力弱，一旦栽后防寒措施不到位，就会发生抽条或严重冻害，降低成活率。所以秋末冬初栽植只适合甜樱桃露地能安全越冬的地区。

越冬有冻害的地区，于秋冬季栽植，必须采用有效的安全越冬措施，例如栽后将一年生苗木弯成 45°左右，进行培土覆盖，春季气温升高后，去掉培土，进行定干。秋末冬初栽植一般是在 10 月末至 11 月上旬（土壤结冻前）。春季栽植具体时间要因地而异，多在 3 月中下旬至 4 月上旬间。

（3）栽植方法 在整好栽植沟的基础上，按设计的株行距挖好直径为 0.5～0.8 米、深 0.4～0.5 米的栽植穴，穴的大小和深度要根据苗木根系大小来调整，要保证根系在穴内有充分舒展的空间。

栽植深度以培土后地面不裸露根系为宜。栽植时要提住苗木主干，使苗直立于栽植穴中间，先培土至根茎部，用手向上轻稳提苗，使苗木根系充分舒展，再边培土边踏实。培土踏实后的苗木嫁接部位要与地面齐平，或略高于地表为宜（图 5-4）。如果地势低洼，栽植行要高出地面 20～40 厘米（台田式栽植）。

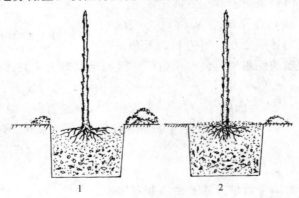

图 5-4　栽植方法
1—舒展根系；2—嫁接口与地面相平

（4）苗木栽植后当年的管理　苗木定植后首先是要灌一次透水，通过水的渗透使根系与土壤充分密切结合，这是提高栽植成活率的一项重要措施。

其次，灌水后要及时松土，防止土壤板结和减少水分蒸发。为使苗木定植后能尽快恢复根系生长，提高成活率，重要的管理就是保持土壤湿润和提高地温，为此在能够保持适宜墒情的情况下，尽量减少灌水次数，而增加中耕松土次数。

第三，中耕松土后应尽量做到覆地膜，利于保墒和提高土壤温度。

第四，进入6月份要视气候情况，及时除去覆盖的地膜，最好随之覆草。

第五，定植后到展叶前，要严防食叶性害虫（金龟子、象甲等）对芽、幼叶的危害，可以用长20～40厘米、宽6厘米左右、有多个细小孔的塑料袋在苗木定干后，将上端（整形带）部位套上，并将袋的底部扎紧，这样既可有效防止害虫危害，又有防止大风抽干的作用，展叶后及时摘除塑料袋。

第二节　保护地甜樱桃园规划与建设

保护地甜樱桃园规划与建设最重要的是选址和建筑质量，由于设施是长久性建筑且投资大，选址和建筑应从长远目标考虑，要认真规划和合理选择设施场地。建造质量是保护地栽培成功的关键一环，保护设施的好与坏，将直接影响其升温的时间和保温性能，以及采光的效果，进而影响树体生长发育和果品的产量、质量。

一、园址规划

保护地园包括温室区和大棚区，以促早熟为目的的温室区和大棚区，首先是场地应开阔，东、西、南三面应无高大树木或建筑物遮挡。其次是地下水位低，土壤疏松肥沃，无盐渍化，有灌溉条件且排水良好。再就是交通便利，利于产品运销。但不宜过分靠近公路，以防止尘土附着棚膜，降低光照强度。还要避免在厂矿附近建造，防止有害气体污染。

建造温室时还应考虑地面的平整，棚内地面要略高于棚外地面20～30厘米，利于通风、排水、防涝害。不提倡建造地伏式（棚里地面比棚外低）的温室，这样的温室冬季生产时湿度大，夏秋季气温高，不利于樱桃的生长发育。

二、设施建设

甜樱桃保护地栽培的设施类型主要有：塑料日光温室、塑料大棚和防雨帐篷等。

利用日光温室和大棚生产的目的，是使果实提早或延后上市，并且使露地不能栽培甜樱桃的北方地区也能生产甜樱桃。而利用防雨大棚生产，是甜樱桃露地栽培地区防御果实成熟期遇雨裂果的一种保护设施生产。

1. 日光温室设计与建造

温室设计与建造质量的优劣，涉及果树的成熟期、果实产量、品质以及温室的使用寿命等诸多问题。

（1）设计 温室方位采用坐北朝南，东西走向。各地区可根据本地方位，朝向正南或向西偏5°左右。在寒冷的北纬41°以北地区，由于上午气温低，不能过早揭开草帘，可偏西5°~8°。

温室的长度、跨度、屋面角、墙体以及通风装置等，通常为下列标准：

长度60~120米，跨度8~12米，脊高3.5~5.5米。

前屋面角50°~70°，后屋面角25°~28°。

距前底脚1米处的前屋面高度不能低于1.5米。前屋面角的设计是由前底脚开始，每米设一个切角，前底脚55°~60°，最上端不小于15°。

墙体为砖墙或土墙或钢架挂被式。墙体厚度50~60厘米，厚度和构造因有无保温材料和地区气候而不同。后墙高度视矢高而定，矢高为3.5~5.5米时，后墙高度为2.5~4米。

后屋面采用1.7~2.0米短屋面，但要视跨度大小而定。

通风装置多采用后墙设通风窗，并与前屋面肩缝或掀前底脚塑料两结合通风。

另外，在建造温室前，除考虑温室的前方和左右两侧，有无高大建筑物或高大树木等遮光物，还应注意前后温室间距。前后栋温室间距以冬至时前栋温室对后栋温室不遮光为宜。经过多年观察得出，北纬38°以南地区的温室间距应为温室高度（包括草帘卷起后的高度）的1.8倍，北纬40°~43°地区应为2~2.3倍。

（2）建造 生产中栽培甜樱桃主要采用钢骨架无柱温室。

① 钢骨架无柱结构温室建造 如图5-5、图5-6所示。

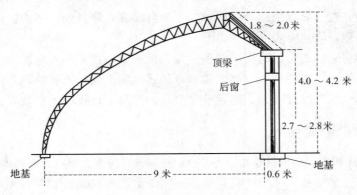

图 5-5　钢架无柱结构温室（9米）

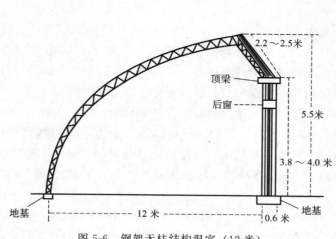

图 5-6　钢架无柱结构温室（12 米）

　　墙体用红砖或水泥空心砖砌筑，墙体内夹保温板，内外墙皮抹水泥砂浆。冬季外界温度不低于 10℃ 的地区，墙内可以不加保温层。寒冷地区的果农在生产中用砖砌成拱洞墙体，称窑洞墙（图 5-7），或用石头砌成干碴石式墙体，称干碴石墙（图 5-8），这两种墙体有蓄热功能，能提高夜间棚温 3～5℃。

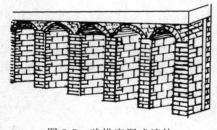

图 5-7　砖拱窑洞式墙体

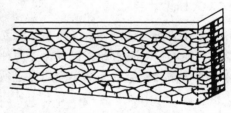

图 5-8　干碴石墙体

　　后墙、山墙和前底脚的地基用毛石砌筑，深 30～50 厘米，后墙顶梁和前底脚地梁分别浇注 20～25 厘米和 10～15 厘米厚混凝土。后墙顶梁混凝土中按骨架间距预埋焊接骨架的钢筋件，并按卷帘机立柱间距预埋钢管件，如果卷帘机立柱焊接在钢骨架上，可不预埋钢管，用单臂式或爬坡式卷帘机的不用预埋件。前底脚地梁混凝土中按骨架间距预埋焊接骨架的钢筋件，并在每骨架中间预埋 1 个用来拴压膜绳的拴绳环。两侧山墙距顶部 20 厘米左右，向下至前底脚处等距离预埋 3 个用来焊接 3 道拉筋的"十"字形钢筋件，山墙上面纵向镶嵌一根压膜槽。

　　后墙距地面 1.2～2 米的高处设通风洞或通风窗，间距 4～5 米，通风洞用瓷管镶嵌，管径 40～50 厘米，通风窗为铝合金或木制，窗口直径为 55 厘米×55 厘米。

前屋面骨架由直径 60 毫米镀锌钢管作上弦，12 毫米圆钢作下弦，10 毫米圆钢作拉花（腹杆），14 毫米圆钢作拉筋建造。骨架上端固定在后墙顶梁预埋件上，下端固定在前底脚地梁的预埋件上，骨架间距 80～85 厘米，骨架横向焊接三道拉筋，拉筋两端焊接在山墙里的预埋件上。

后屋面是在钢筋骨架上铺带有保温层的钢构板，或铺木板，铺木板的需在木板上铺 1～2 层苯板，苯板上再铺一层珍珠岩或炉渣，上面抹水泥砂浆找平层，平层上烫沥青（一毡两油）防水。后屋面钢筋骨架的正脊上，延长焊接一根 6 号槽钢（槽钢里放木方固定棚膜），在槽钢外侧的每个骨架中间各焊接一拴绳环，以便拴压膜绳。

② 无墙体钢架温室建造　无墙结构温室的墙体为钢结构骨架（与前屋面相同），骨架间距 80 厘米，温室内屋脊下按东西向每 3.2 延长米设 1 根钢管立柱。后屋面、后墙和山墙挂被保温，即由内而外 1 层厚化纤毯，1 层塑料，2～3 层厚化纤棉被，1 层塑料，1 层化纤毯（最外面 1 层化纤毯喷防水涂料）。被的厚度可根据本地冬季温度决定。

此温室在辽宁已生产多年，省工、经济且环保。按棚高 4 米、宽 9 米、长 100 米计算，建设费用为 8 万元左右（彩图 43、彩图 44）。

2. 大棚设计与建造

大棚无墙体，建造成本低，与温室配套栽培，可延长果品供应期。利用大棚栽培可采取有保温覆盖和无保温覆盖两种形式，有保温覆盖的大棚称暖棚，无保温覆盖的大棚称冷棚，北部寒冷地区必须有保温覆盖。

(1) 设计　方位多采用南北方向延长建造。南北走向光照分布均匀，树体受光好，还有利于保温和提高抗风能力。东西走向建造的，多数是受地块的限制，这种大棚南北两侧光照差异大。

高度 2.5～3.5 米，单栋跨度 8～20 米，长度 60～100 米。

通风多采用肩部扒缝通风，或顶部开缝通风，或掀底脚通风。

(2) 建造　生产中常见的大棚多为钢架结构，其类型有单栋和连栋两种，连栋大棚有二连栋和多连栋，多连栋除了钢架外多数是采用复合材料。

① 钢架结构单栋大棚　跨度 15～20 米，矢高 4～4.5 米，拱架与拉筋的建造与温室相同。在棚内棚脊处设两排立柱，柱间距 3～4.5 米，覆盖草帘的大棚，棚脊处覆盖木板或水泥预制板作走台，棚脊处还可安装卷帘机（图 5-9）。

② 钢架结构连栋大棚　采用圆钢拱形悬梁结构，棚顶用圆钢焊接成拱形吊梁，边立柱与两棚相界处的立柱，每隔 4～5 米设一根，基部焊接在水泥基座上。拱架由直径 40～60 毫米钢管作上弦，12～16 毫米圆钢作下弦和拉筋，8～10 毫米圆钢作拉花，用水泥预制支柱和天沟板，每排拱架插于天沟板预埋的铁环里。

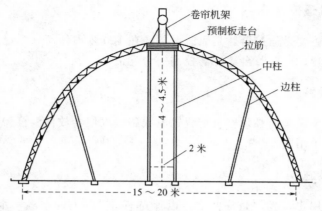

图 5-9　钢架结构大棚

或工厂化生产骨架，直接组装而成（彩图 45）。

③ 复合材料连栋大棚　骨架一般由工厂化生产，在田间组装而成（图 5-10）。

图 5-10　连栋大棚

三、附属设施及材料的配备

1. 卷帘机

目前生产上普遍应用电动卷帘机，又分为卷杆式、单臂式和爬坡式多种。卷杆式卷帘机即在温室的后屋面上每 3 米设一角钢支架，或钢管支架，在支架顶部安装轴承，穿入直径 50～60 毫米的一道钢管作卷管，在棚中央设一方形支架，支架上安装一台电动机和一台减速器，配置电闸和开关，卷放草帘时扳动倒顺开关即可卷放。卷放时间为 8～10 分钟，为加快放帘速度，还可安装闸把盘。单臂式卷帘机是在温室前方的中间处安装支臂，爬坡式卷帘机也是在温室前方的中间处安装机架。

2. 卷帘机遥控设备

遥控设备主要是遥控器，是无线设备，在100米内任何一个地方均可控制卷帘机的制动装置，一般每台遥控器控制一台卷帘机。

3. 输电线路

建造保护地设施时必须安全配置输电线路，以便卷放保温覆盖物和灌溉、动力喷药、照明等用电。

4. 灌溉设施

冬季灌溉用水，必须是深井水，以保持有8℃以上的水温，水井在室外的，要设地下管道引入保护地内，管道需埋在冻土层下。保护地灌溉方式最好是蓄热式滴灌。

5. 作业房

作业房是管理人员休息或放置工具等场所，建筑面积一般为8～20平方米，一般建在温室的东、西山墙处。大棚一般不建作业室，只在大棚的出入口或门口处留出一定空间，供人员休息和放置工具。

6. 温湿度监控设备

以往观测温度的常用设备有吊挂式水银或酒精温度计，观测湿度的设备有干湿球温度计，用这些设备观察和调节温湿度，费工费时，现已被自动调控的仪器所取代，安装自动调控仪虽需要一定的投入，但可以节省50％的劳动力，省工省时（彩图46）。

7. 覆盖材料

覆盖材料包括塑料薄膜、草帘、保温被（防寒被）、纸被等。

（1）**塑料薄膜**　是直接覆盖在温室和大棚骨架上的透光保温材料，生产中常用的塑料薄膜有聚乙烯长寿无滴膜、聚氯乙烯无滴防雾膜和聚烯烃膜（PO）三种。用于温室和大棚樱桃生产的薄膜厚度为0.10～0.12毫米。聚乙烯和聚烯烃膜抗风能力强，适用于冬春季风较大的地区使用。聚乙烯膜比重小，同样重量的聚乙烯比聚氯乙烯的覆盖面积多20％左右。聚氯乙烯无滴防雾膜抗风能力弱，适用于冬春季风较小的地区使用，该膜的透光率和保温性能好，不产生滴水和雾气。不足之处是透光率衰减速度较快，在高温条件下，膜面易松弛，大风天易破损。聚烯烃（PO）膜是近几年开始应用的，其透光率和防雾性能以及抗灰尘、抗风性能比较好，但售价较高。无论哪种薄膜，都有其优缺点，在选用棚膜时可根据当地气候和温室结构来决定。薄膜覆盖樱桃温室或大棚生产一年后需换新膜，第二年其透光率、防雾等性能下降，会使成熟期延迟。

（2）草帘 是覆盖在塑料薄膜上的不透光保温材料，草帘多为机械编制，取材方便，价格比较低。幅宽1.2~1.5米，厚度为5~8厘米。草帘使用寿命一般为2~3年。

（3）保温被 也称防寒被，是覆盖在塑料膜上的不透光保温材料，是取代草帘的换代产品。常用的有两种，一种是由化纤绒制成，被里为3~5层化纤毯，内夹1~2层薄膜防水，被面由防水的尼龙编织篷布（或加入耐火抗老化的材料）缝制；另一种是用防雨绸布或化纤毯，中间夹5~8厘米厚的喷胶棉制成。这两种被体积轻，保温效果好，虽然造价高，但使用年限长。

8. 卷帘绳和压膜绳

卷帘绳和压膜绳多为尼龙绳，常用的卷帘绳的粗度为直径8毫米，人工卷帘的温室和大棚，每块草帘需用一根绳，机器卷帘的必须将保温被连成一体，卷杆式的卷帘机每3延长米左右一根卷帘绳。压膜绳的粗度为直径6毫米，每排骨架一根。

四、覆盖材料的连接与覆盖方法

1. 塑料薄膜的剪裁和烙接

首先将薄膜按温室或大棚的长度或略长于温室裁剪，接缝处或风口绳处需要黏合。聚氯乙烯薄膜采用环己酮胶粘合或电熨黏合，聚乙烯和聚烯烃膜的黏合也有专用的黏合胶，或由销售商按农户要求的规格直接黏合好。

2. 塑料薄膜和保温被的覆盖方法

覆盖薄膜时，要选择无风暖和的天气，覆盖方法以日光温室为例，先将压膜绳拴于后屋面（温室或大棚正脊处），再把膜沿温室走向放在前底脚后，用压膜绳将膜拉到后屋面上，从上往下放膜，使膜覆盖整个棚面，再将膜的一端固定在一侧山墙上，然后集中人力在另一侧山墙上抻紧、抻平薄膜后，将山墙和后屋面上的薄膜同时固定好，同时拴紧压膜绳。

覆盖薄膜后立即覆盖保温被或草帘。覆盖草帘的方法有两种，一种是从中间分别向两侧覆盖，另一种是从一侧开始覆盖，覆盖后需将保温被或草帘用尼龙绳连接成一个整体，并将底脚的被或草帘固定在底脚杆上。

五、苗木栽植与管理

建立保护地甜樱桃园所用的苗木多是 5 年生以上树龄的结果幼树，很少有栽植 1～2 年生苗木的，若栽植 1～2 年生苗木，需要其树龄达结果期再扣棚生产，这种生产方法最快也得需要等待 3 年。在甜樱桃的适宜栽培地区，往往是采取在露地樱桃园中，选择适宜品种和适宜行向的结果大树，直接扣棚生产的办法。目前，为了达到当年栽植翌年见效益的目的，大多数生产者都是采取移植 5～10 年生结果大树的方法，这不仅是露地不适宜栽植区从事保护地生产的一条有效捷径，也是甜樱桃适栽区常用的一种生产方法。

这种移植 5 年生以上树龄结果大树的生产方法，栽植当年的管理重点是勤浇水保成活，使树体尽快恢复生长，栽后第二年的管理重点是防止徒长，促进花芽分化，具体管理过程中应注意以下几方面。

1. 树体选择

树体选择的原则首先是树龄，必须是 5 年生以上，但不要超过 10 年生，而且主、侧枝分布均匀，竞争枝和徒长枝少，花束状结果枝多，树势健壮。此外，枝干无癌肿病，根茎处无根瘤，其次是无冻害、流胶病、皱叶病毒病，无桑白蚧壳虫等主要病虫为害。

2. 栽前准备

移栽前先确定行向和株行距，将棚内地面整平，栽植沟挖好，再安排挖树和移栽。株行距依据树体大小和温室宽窄而定，可采用 2.5 米×3.5 米或 3 米×4 米或 4 米×4 米的方式。棚内地面要略高于棚外地面。挖深 60 厘米、直径 150 厘米的栽植沟，施入适量有机肥，再回填至深 40 厘米左右。

春季移栽大树的时间是在树体发芽前；秋季移栽大树的时间是在霜冻后，移栽前摘掉树上没脱落的叶片。

3. 起树与运输技术

起树时从树冠外围垂直投影下的树盘外围向内挖土，将土往外捣，外侧浅内侧深，外侧大约深 30 厘米，内侧深 50 厘米，挖土时不要碰伤主根系，更不要切断主根系，尽可能保留所有的须根系。挖至距离坑中心 20 厘米左右时轻轻试推主干，没有粗根系与土相连时，将树移出坑外立即运输栽植。如果当日不能栽植的或需要远途运输的，应将根系用塑料包严（图 5-11）。运输车的护栏要用草帘或其他包装物裹严，并将树体固定好，保证途中不发生摇晃，以免在运输途中磨伤枝干。

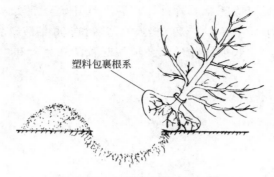

图 5-11　大树移栽起树与包装

4. 栽植技术

櫻桃树运到栽植地后，要立即栽植。将树抬到栽植坑旁边，先除去塑料膜，再将树抬入栽植穴中央，将根系疏展开，边埋土边轻轻摇晃主干边踏实土壤，使土与根系无缝隙。

5. 移栽当年的管理技术

移栽当年主要是保成活和促进花芽分化。栽后要立即灌一次透水，地表稍干时进行松土，松土后立即覆盖地膜保湿增温，树体恢复生长以后及时除去地膜。栽后的浇水次数，要以叶芽萌发后树叶不萎蔫为宜，通常情况下，栽后的恢复期需浇水 5～8 次。

适栽区域以北地区，于秋季移栽的，应将树移栽在有覆盖的保护地内，栽后浇一次透水，当气温低于 −5℃ 时，及时覆盖保温材料，保持室温在 5～9℃，保证树体不受冷、冻害。

移栽当年管理的重点是尽快恢复生长势，并且促进花芽分化和饱满。为使树体尽快得到恢复，萌芽后除了要勤浇水和土壤施肥外，还可冲施和喷施含有壳聚糖或氨基酸类的有机营养液（海德贝尔或欧甘）。如果花后叶片再发生萎蔫时，可在叶片发生萎蔫前，往树体及叶片上喷清水。也可在阳光强烈时短时间放下覆盖物遮阴或用遮阳网遮阴。

移栽当年的现蕾期及时疏除大量花蕾，以免开花结果过多影响树体恢复和花芽分化。当年留果量也不宜过多，依树龄和树冠的大小而定，一般 5 年生以上的树每株留 2.5～5.0 千克。

6. 移栽后第二年的管理技术

移栽后第二年树势已恢复，易发生过旺生长现象，注意灌水不要过勤过多，适当控制水分和氮肥，除正常管理外，花后半月开始至果实采收后一个月的期间，叶面交替喷施 5~6 次 400~500 倍液氨基酸和 300 倍液磷酸二氢钾，控制旺长，促进花芽分化。生长期摘除延长枝顶端旺长的嫩梢，和主枝背上直立的徒长梢。

第六章
甜樱桃园田间管理技术

第一节　露地甜樱桃园管理

一、土壤管理

甜樱桃根系呼吸强度大，需要经常保持良好的通气条件，因此甜樱桃园的土壤管理很重要。及时松土中耕，可以切断土壤的毛细管，减少土壤水分蒸发，保持适宜墒情，防止土壤板结；同时，还可抑制杂草滋生，减少土壤养分消耗，提高土壤的通气性；对结果树来讲，萌芽至果实硬核期松土，还有提高坐果率和促进花芽分化的作用。

1. 松土

土壤管理的主要作业是松土，松土作业的时间一是在萌芽前，二是在每次灌水和降雨之后。由于甜樱桃根系呼吸强度大，需要经常保持良好的通气条件。首先，在树体萌芽前，必须进行一次翻树盘松土作业（图 6-1），其次是在每次降雨后和灌水之后也必须松土，这要成为一项经常性的重要的土壤管理工作。树体萌芽前的翻树盘松土深度在 10～20 厘米，距主干处稍浅，至外缘处渐深。每次灌水和降雨后的松土深度一般以 5～10 厘米为宜，松土时要注意加高树盘土壤，防止雨季树盘积水造成涝害。

2. 覆地膜和抑草布

覆地膜主要应用于露地栽苗期。栽苗期覆膜不仅可以保持土壤水分，还能有效地提高地温，利于苗木成活，提高栽植成活率。覆盖地膜的时间应在松土后，否则，会因土壤含水分过多，土壤透气性降低，而影响根系生长发育。

为了保证根系的正常呼吸和地膜下二氧化碳气体的排放，地膜覆盖带不能过

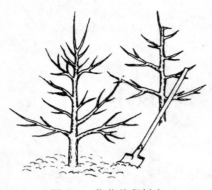

图 6-1 萌芽前翻树盘

宽，降雨后注意开口排水。新栽幼树苗木成活后，6 月份要及时撤膜或膜上盖草遮阴，防止地面高温。为提高覆膜后的土壤透气性，在膜下覆草是最好的方法。

覆地膜时，还要根据不同的使用目的而选用不同类型的地膜。无色透明地膜不仅能良好地保持土壤水分，还因其透光率高，增温效果好，但其不抑草。黑色地膜可抑制膜下的杂草，增温效果不如透明膜，但保温效果好，在草多地区多使用此种地膜。

覆盖抑草布也要在松土后进行，浇水和降雨后要揭开抑草布松土，防止泛根。

3. 覆草和种草

覆草可使土壤温湿度保持相对稳定。草及秸秆等腐烂分解后，产生的胡敏酸可使土粒交结成团粒结构，能够增强土壤通透性和保水保肥能力，有机物的分解也增加了土壤有机质含量，提高了土壤的肥力。覆草能有效减少土壤水分蒸发，利于保墒，能够减少灌水次数，既省工又节约水资源；覆草可抑制杂草生长，这样不但能大大减轻除草的繁重劳动，又可防止杂草与樱桃争肥争水；覆草能够防止或减轻土壤被雨水冲刷，起到较好的水土保持作用。

覆草时间一般以夏季为好，因为这个时期高温、多雨，有利于草的腐烂分解；在高温少雨年份，覆草还可以减少高温对表层根系的伤害，有保护根系的作用。

覆草的材料有麦秸、豆秸、玉米秸、稻草、野生杂草等多种。覆盖量一般为每亩 2000~2500 千克。如果覆盖材料不足，要首先集中覆盖树盘。覆盖厚度多为 15~20 厘米。

覆草作业要注意以下问题：第一，把秸秆切成长 5 厘米左右的小段，撒上尿素或新鲜的人、畜尿，将秸秆堆成垛，经初步腐熟后再覆盖；第二，覆盖前先浅翻土壤，覆盖后撒压少量土，防止被风吹走；第三，生长季喷农药时，要向覆盖物喷施，以消灭潜伏其中的害虫；第四，多年连续覆草后若出现叶片颜色变淡，表明氮素不足，要及时补充。

每年覆盖的草最好是在下一年萌芽前，结合翻树盘将腐烂的草翻入土中。

果园种草是生草制管理的一项措施之一，果园生草是比较先进的果园土壤管理方法。种草能降低土壤容重，增加土壤渗水性和持水能力，可以改善果园土壤环境。草腐烂后可增加土壤有机质，种草后瓢虫、草蛉、食蚜蝇及肉食性螨类等天敌数量还会明显增加，优化果园小气候，促进果园生态平衡。

近几年在果园种植的生草品种主要有草木樨、鼠茅草、香草等。

二、施肥技术

幼龄时期的甜樱桃树，树体处于扩冠期，其营养生长旺盛，对氮、磷需求较多，施肥应以氮为主，氮、磷、钾的适宜配比应为 2:1.5:1；初结果期树除了树冠继续扩大，枝叶继续增加外，关键是树体从营养生长向生殖生长转化，施肥的重要任务是促进花芽分化，要求增加磷、钾的施用量，氮、磷、钾的适宜配比应为 1.5:2:1；衰老期树需更新复壮，应适当增加氮的施用量，氮、磷、钾的适宜配比应为 2:1:1。

1. 施肥原则

由于各地土壤质地不同，可根据土壤养分分析结果确定肥料配比。如条件允许应尽量实行测土配方施肥，如受条件所限不能采取测土配方施肥，也应根据对土壤养分状况的了解和经验，科学配比三要素和适量施用微量元素，以平衡施肥，提高肥料利用率，减少有害要素在土壤中的残留，创造良好的适宜甜樱桃生长发育的土壤环境。

2. 肥料种类选择原则

生产无公害果品肥料的选择原则为，要以有机肥为主，化肥为辅。施入的肥料有利于改善土壤结构和提高土壤肥力，能够全面均衡供应甜樱桃所需各种营养元素，不破坏土壤结构，有利于提高土壤微生物活性，对果园环境和果品质量无不良影响。

3. 在无公害果品生产中允许使用的有机肥种类

(1) **堆肥** 以多种秸秆、落叶、杂草等为主要原料，并加以人、畜粪便和适量土混合堆制，经过好气性微生物分解发酵而成。

(2) **沤肥** 所用物料与堆肥相同，但需要在水淹条件下经过微生物嫌气发酵而成。

(3) **人粪尿** 是必须经过腐熟的人的粪便和尿液。

(4) **厩肥** 以马、牛、羊、猪等家畜和鸡、鸭、鹅等家禽的粪便为主，加上粉碎的秸秆与泥土等混合堆积，经微生物分解发酵而成。

(5) **沼气肥** 有机物料在沼气池密闭的环境下，经嫌气发酵和微生物分解，制取沼气后的副产品。

(6) 秸秆肥 以麦秸、稻草、玉米秸、油菜秆、豆秸等直接或经粉碎后铺在果园的树盘上，待自然腐烂后翻入土中。

(7) 饼肥 由油料作物的籽实榨油后剩下的残渣经发酵制成的肥料，如棉籽饼、菜籽饼、花生饼、芝麻饼、蓖麻饼和豆饼等。

(8) 绿肥 以新鲜植物体就地翻压或异地翻压，或经过堆沤而成的肥料。这类肥料有豆科植物和非豆科植物。果园常用的绿肥作物有苕子、草木樨、田菁、柽麻和苜蓿等。

(9) 腐植酸肥 以含有腐植酸类物质的泥炭、褐煤、风化煤等经过加工，制成的含有植物所需的营养成分的肥料。

(10) 蚯蚓粪肥 秸秆、树叶、牛粪等饲养蚯蚓的转化物。

4. 在无公害果品生产中允许使用的化学肥料种类

(1) 氮肥类 氮肥类的肥料有尿素、碳酸氢铵、硫酸铵等，常用的肥料以尿素为主。

① 尿素　含氮量 44%～46%，为白色固体中性氮肥，易溶于水，适合各种土壤施用和叶面喷施。土壤施用时，为防止挥发和淋失，施后要盖土，用于叶面喷施一般浓度为 0.2%～0.3%，浓度过高容易产生毒害。

② 碳酸氢铵　为弱碱性氮肥，氮含量 17% 左右。易溶于水，肥效快，在土壤中无杂质残留，不破坏土壤结构，适于各种土壤施用。其缺点是不稳定，在潮湿和高温（30℃）条件下分解成氨、二氧化碳和水。应在干燥低温条件下贮存，包装必须严密。施用时要随施随覆土，并及时少量灌水，不可与酸性肥料混合使用。

③ 硫酸铵　简称硫铵，为弱酸性氮肥，含氮量 20%～21%。易溶于水，肥效快，常温下不挥发，较纯的硫铵吸湿性较小，只有在温度较高、湿度较大条件下才吸湿结块。硫铵的营养成分为铵离子，硫酸根会残留于土壤中，长期大量使用硫铵会使土壤发生不良变化。注意硫铵不能与碱性肥料混合使用。

(2) 磷肥类 磷肥类的肥料有过磷酸钙、磷矿粉、钙镁磷肥等。

① 过磷酸钙　又名过磷酸石灰，简称普钙，其主要成分是水溶性磷酸一钙和 50% 左右的石膏，其含磷量 12%～18%，可作追肥和基肥，与农家肥混合后作基肥效果更好。该肥由于有游离酸的存在，而呈酸性，不易与碱性肥料混合施用。应置于干燥阴凉处贮存，以防吸湿结块和被淋失。

② 磷矿粉　是以天然磷矿石为原料，用机械方法粉碎磨细制成。磷矿粉主要成分为氟-磷石灰，含磷量 10%～25%，其中 3%～5% 的磷可溶于弱酸，被吸收利用。在施用时要加大用量，一般应为其他磷肥的 2～3 倍，同时要注意深施。

③ 钙镁磷肥　是以磷矿石、蛇纹石和橄榄石为原料，在高温下熔融后，经

水淬冷却，再粉碎磨细而制成的。它含磷 14%～20%，还有 25%～30% 的氧化钙，30% 左右的氧化硅，15%～18% 的氧化镁。钙镁磷肥不溶于水而溶于 20% 的柠檬酸，为中性肥料，吸湿不结块，无腐蚀性，便于贮存和运输。

（3）钾肥类　钾肥类的肥料有硫酸钾、氯化钾等。

① 硫酸钾　为化学中性肥料，但因施用后有硫酸根残存于土壤中，所以属生理酸性肥料，长期大量施用容易使土壤板结。含钾量为 48%～52%，吸湿性小，不易结块。

② 氯化钾　易溶于水，肥效快；虽为化学中性肥料，但由于施用后有氯根残留于土壤中，所以属于生理酸性肥料。含钾量 50%～60%。为防止对根系的危害，在多雨季节施用为好，施用时要与土壤充分混合。氯易引起和加重土壤盐渍化，甜樱桃对氯又很敏感，特别是保护地甜樱桃最好不施用氯化钾。

③ 窑灰钾　是水泥厂的副产物，除含 8%～12% 的钾外，还含有钙、镁、硅、硫、铁等其他元素。贮存中要注意防止雨淋。窑灰钾肥碱性较强，适宜在酸性土壤中施用，不要与氮磷化肥同时混用。

（4）复合（混）肥类　复合肥类的肥料有磷酸二铵、磷酸二氢钾、氮磷钾复合肥、配方肥等。

① 磷酸二铵　为白色或灰色颗粒，含氮 18%，含磷 46%，易溶于水，呈偏碱性，吸湿性小，既可作基肥，也可作追肥。

② 磷酸二氢钾　为白色固体肥料，含钾 27%，磷 24%，多用于追肥，果实发育期叶面喷施 0.2%～0.3% 浓度的磷酸二氢钾，有明显提高果实品质的功效。

③ 氮磷钾复合肥　指含两种和多种营养元素的肥料，为白色或灰色颗粒，氮磷钾含量均为 15%～17%，有一定吸湿性，既可作基肥，也可作追肥。

（5）微肥类　微肥类的肥料有硫酸锌、硫酸锰、硫酸亚铁、硼砂、硼酸、硫酸铜、钼酸铵等。

微量元素肥是甜樱桃生长发育所必需的营养元素，不施或施量不足，都会引起各种缺素症状，使树体发育受阻，果实产量、品质下降。所以一定要切实纠正那种只重视使用常（大）量元素肥料，而忽视施用微量元素肥料的偏见，科学施用树体所需各种微量元素，使其得到全面的营养保障。

① 硫酸锌　含锌量为 24%～36%，可溶于水，土施和叶面喷施均可，浓度为 0.3%。

② 硫酸锰　含锰量为 24%～28%，易溶于水，既可土施也可叶面喷施，浓度为 0.2%。

③ 硫酸亚铁　含铁量为 19%～20%，易溶于水，多用于叶面喷施，浓度为 0.3%。

④ 硼砂　纯品一般含硼 95%～99%，较易溶于水，多用于土施和叶面喷施，

浓度为 0.3％。

⑤ 硫酸镁 含镁量为 23％～30％，易溶于水，既可土施也可叶面喷施，浓度为 0.3％。

此外，还有微生物肥料，这类肥料是以特定的微生物菌种培育生产的、含有活的有益微生物的制剂，包括根瘤菌肥料、固态菌肥料、磷细菌肥料、硅酸盐细菌肥料、复合微生物肥料等。

5. 施肥方式

甜樱桃的施肥方式分为土壤施肥法、根外施肥法和地面随水冲施法等多种，生产中这些施肥方法应配合应用。

土壤施肥能较长久供给树体需要的各种营养；根外追肥直接供给树体养分，及时补充树体养分消耗，是一种应急和辅助土壤追肥的方法，具有见效快、节省肥料、简单易行等特点，并可防止养分在土壤中的固定和转化；地面随水冲施也具有见效快的特点，也是一种应急的补充措施。根外施肥和随水冲施的肥料都应选择专用的速效性肥料，以短期内达到应有的效果。

（1）土壤施肥 土壤施肥应尽可能地将肥料施在根系集中分布的区域，以便充分发挥肥效。秋施基肥多采用在树盘上挖环状沟施肥法，即在树盘的两侧各挖一条深 30～40 厘米，长约树冠的 1/4 的半圆形沟（图 6-2），将有机肥及一定数量的化肥掺匀后施入沟内并覆土盖严，第二年施树冠的另两侧。生长期土壤追肥多采用放射沟施肥法，即从距树干 20～50 厘米处向外划 6～8 条放射状沟，沟长至树冠的外缘，沟深 10～15 厘米，树冠内较浅、较窄，树冠外较深、较宽（图 6-3），施入化肥后覆土盖严。

 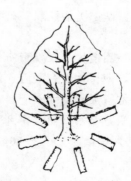

图 6-2 环状沟施肥　　　　图 6-3 放射状沟施肥

（2）根外追施 根外追施的方法一是叶面喷布，二是枝干涂抹。叶面喷布是通过叶背面的气孔吸收肥料，叶面喷肥后养分吸收转化快，是及时补充营养的重要措施，喷施要求在下午和傍晚或多云天气时进行。枝干涂抹施肥是一种新型的根外追肥方法，将专用型的液体肥料，按一定比例稀释后，用毛刷均匀涂于树体的主干或主枝上，通过树皮的皮孔渗入，被树体地上部各器官吸收和利用。

（3）随水冲施　适用于速溶于水的冲施肥料，随浇水施入土壤的一种追肥方式。此法不用挖沟，可节省用工量，而且肥料随水施入使营养均匀分布于土壤中，利于根系吸收。

6. 施肥时期与施肥量

年周期中，甜樱桃树体具有生长发育迅速、需肥集中的特点，展叶、开花、果实发育、果实成熟以及花芽分化，都集中在生长的前半期，贮藏养分的多少，以及早期的营养供应，对枝叶生长、开花、坐果和果实膨大及花芽分化都有直接的影响。贮藏养分的水平，还影响树体的抗寒性。因此，在甜樱桃的施肥时期上，要重视秋季施基肥，为树体提供较好的营养积累条件。

（1）秋季施基肥　基肥是增加树体贮藏营养的最主要来源，其施用量一般约占全年用肥量的$50\%\sim70\%$。每种肥类具体施用量应根据树势、产量和土壤质地确定。秋季施基肥越早效果越好，早施土壤温度较高，微生物活动还较旺盛，肥料可部分腐解矿化，释放出速效性营养元素。另一方面，早秋土壤温度高，利于受伤根系愈合，提高根系的吸收能力，增加树体养分贮备量。

因气候条件存在差异，不同产区秋施基肥时间略有不同，一般以霜前$50\sim60$天为宜。幼树至初结果树一般每株施猪圈粪100千克，或纯湿鸡粪$20\sim30$千克。盛果期树一般每株施猪圈粪150千克，或纯湿鸡粪$30\sim40$千克，加入复合肥0.5千克，过磷酸钙或硅钙镁钾肥$1.0\sim2.0$千克。

（2）春夏季追肥　春夏季施肥时间分别是在萌芽前和采果后进行。这一时期内，树体对营养需求集中而且量大，进行适量追肥能明显提高坐果率、增大果个以及促进花芽分化和采收后树势的恢复。盛果期树每次每株施专用肥或三元复合肥$1.0\sim1.5$千克，饼肥或沼液肥等有机肥$2\sim3$千克，幼树酌情减量。

春夏季的生长期，还可多次进行叶面喷肥。如于花期喷施0.3%硼砂、或氨基酸$500\sim600$倍液等，或其他的促进坐果、果实膨大和花芽分化的有机肥料。还可于花后的果实发育期，喷施磷、钾、钙以及其他微量元素等，来促进花芽分化和增大果个，以及提高果实品质。

果实发育期也是花芽分化始期，此期养分需求量大，容易造成养分竞争，应在落花后半月左右至采收后一个月左右期间，注意养分的供给，土壤冲施和叶面喷施含氮量少的化肥或有机肥。还可通过涂干方法补充。

采果后要进行一次土壤追施氮磷钾复合肥，促进花芽饱满，根据树冠大小株施$1\sim1.5$千克。

三、水分管理

根据甜樱桃根系分布浅、即不耐涝又不耐旱的特性，灌溉要本着多次少量的原则，既在总体上保证树体对水分的需要，又不一次灌水过多。土壤含水量为田间最大持水量的60%～80%，比较有利于根系活动，适合树体生长发育。当土壤含水量低于田间最大持水量的60%时，就应及时适量灌水。雨季还特别要注意排水，防止树盘上积水或根际土壤湿度过大，而形成涝害，积水对其危害最大，地面积水超过20小时，就能引起树势衰弱、引发流胶病，造成当年死树或下一年萌芽后死亡的现象，所以防涝是甜樱桃栽培管理的一个重要环节。可以根据手握土壤来衡量和判断土壤墒情（表6-1）。

表6-1 土壤各级墒情大致含水量

墒情类别	干墒	灰墒	黄墒	褐墒	黑墒
感觉反应	手握土感觉无湿意	手握土稍感有湿意	手握土感到湿意	手握土可成团，手上有润湿痕迹	手握土时可挤出水渍
土壤相对含水量	50%以下	60%左右	70%～80%	80%～90%	90%以上

注：土壤相对含水量＝田间绝对含水量/田间最大持水量×100%。

1. 灌水时期与灌水量

（1）**萌芽水** 萌芽水有利于根系活动，促进萌芽整齐。萌芽期的灌水时间应在萌芽前，最晚不能超过萌芽初。萌芽前或萌芽初期灌水量以润透土壤40～50厘米深为度。

（2）**花前水** 花前水主要目的是保证甜樱桃花期对水分的需求。在经常遭遇晚霜危害地区，花前水能降低地温而使花期延迟，有利于防止霜冻对花器官的危害。如果开花前土壤含水量不低于田间最大持水量的75%，也可不灌水。此次灌水量不宜过大，以"水一流而过"为度。

（3）**催果水** 催果水一般在落花后15～20天以后进行浇灌，也就是果实硬核以后进行，此期为幼果膨大期，同时也是花芽分化开始期，如果土壤水分不足，会影响幼果发育和花芽分化，如果灌水过多会引起落果。这个时期当10～30厘米土壤含水量低于田间最大持水量的60%时，就应及时灌水，但不宜灌大量水，灌后能润透土壤30～40厘米深即可。

（4）**采前水** 采收前10～15天是甜樱桃果实膨大的最快时期，缺水果实发育不良，产量低。这次供水应在前期水分供给正常、土壤不十分干旱的情况下进行，如果前期供水不足，土壤严重干旱，灌水量大时容易引起裂果，这点必须注意。水量过大还会降低果实含糖量，影响果品质量。一般这次灌水量以催果水的2/3为宜。

（5）**采后水**　为尽快恢复树势和确保花芽后期分化的正常进行，在果实采收后应灌一次透水，可结合施肥进行。有少部分果农误认为树上没果了就忽视了采后的灌水，这是错误的，应予以纠正。

（6）**封冻水**　在土壤封冻前灌一次水可以缓和甜樱桃根际温度变化，对于树体安全越冬、减轻花芽冻害均有较大的作用。在春季干旱地区灌封冻水更为重要。这次水要灌透，以灌后能润透土壤 50 厘米左右深即可。

2. 灌水方法

灌水应采取节水灌溉技术，节水灌溉方法主要有滴灌、喷灌和渗灌。

（1）**滴灌**　是一种机械化和自动化相结合的先进灌溉技术，它能使水滴或细微水流缓慢地滴至树体根系，水资源利用率高。

（2）**喷灌**　通过相关设施把灌溉用水喷到空中，使其成为细小的水滴，再撒落到地面上。这种技术不但节水，还能减少对土壤结构的破坏，改善果园内局部小气候。喷灌只适于露地樱桃园应用。

（3）**渗灌**　是利用地下渗水管道将水渗入土壤中，借助土壤毛细管作用湿润土壤。这一技术节水，不破坏土壤结构。但在应用时要注意防止渗水管被堵塞，可在各渗水孔处安装比渗水管稍粗的塑料管护套，渗灌适用于露地和保护地应用。

3. 排水防涝

在雨季来临之前，及时疏通排水渠道，在果园内形成有效的排水系统，这对平地甜樱桃园尤为重要。具体操作是在行间挖深 30 厘米、宽 40 厘米左右的排水沟，行间排水沟与四周排水沟相通，以便及时排除积水。

四、花果管理

花果管理的重点是预防晚霜危害和减轻或杜绝裂果。甜樱桃花期较早，有的年份会受到晚霜危害，花器受冻，坐果率低，产量下降，因此，在生产中要注意预防晚霜危害。裂果常发生在果实膨大期，在空气湿度大和土壤含水量长时间过低的情况下，突降大雨或大量灌水，使果实短时间内吸水过多，增加膨压，或果肉和果皮生长速度不均衡，而造成果皮破裂的一种生理障碍。裂果是目前甜樱桃生产中比较普遍的现象，防治不力的情况下会造成大量裂果，大大降低果实的商品价值。因此，必须切实采取有效措施，防止和减轻裂果发生。

1. 防晚霜

防除晚霜危害，需采取一系列有效措施：尽量不在冷空气易沉积、易遭霜害的低洼地、闭合谷地段建园；在果园的主风向营造防护林带；在不影响效益的前提下，可选用花期较晚的品种；增施有机肥，加强管理，提高树体营养贮备水平，提高抗逆能力；春季灌水可延迟开花期，以避晚霜危害；还可在晚霜即将来临时用熏烟法驱霜。

熏烟法是生产中应用最广泛的一种防霜方法，每亩升烟至少6～8堆，均匀分布在园内各个方位。熏烟材料有作物秸秆、杂草、落叶等，草堆高1～1.5米，草堆中插几根粗木棒。草堆外覆一层草泥，覆完后抽出木棒做透烟孔即成。也可制作发烟剂，即2～3份硝酸铵，8～10份锯末，1～2份柴油，充分混合后堆放即成。霜害出现的时间一般是低温天气时的凌晨至早晨5时左右，当温度降至2℃时点燃，注意不要出现明火。要有专人看管。

目前，环保型的防霜方法主要是利用电力风机防霜，依风机的功率不同，一般每台风机防霜面积在10～50亩范围内（彩图47）。果园面积较小的可架设排风扇防霜。

2. 疏蕾疏果

疏蕾是在花芽现蕾期进行，将每个花芽内现蕾较晚的小花蕾摘除，每个花芽内保留3个饱满花朵。疏果是在落花2周左右即生理落果后进行。疏果时应根据树体长势、负载量及坐果情况而定。一般每花束状果枝留果5～8个为宜，主要疏除小果、畸形果和病虫果。

3. 辅助授粉

采用花期放蜂授粉，在樱桃初花时，每3～5亩放一箱蜜蜂。目前在生产中，对甜樱桃授粉效果较好的蜜蜂种类是中国蜜蜂，中国蜜蜂活动温度低，其次是意大利蜜蜂。

除了释放蜜蜂外还可利用壁蜂授粉，壁蜂也称豆小蜂，是人工饲养的一种野生蜂，目前生产中常用的是角额壁蜂，其活动温度低，适应性强，访花频率高，繁殖和释放方便。用角额壁蜂授粉时，蜂巢宜放在距地面1米处，每巢内250～300支巢管，巢管用芦苇秆制作，或用牛皮纸卷制，管长15～20厘米，管壁内径0.5～0.7厘米。在樱桃开花前一周释放，每亩放蜂量为300头左右。释放壁蜂授粉时，如果壁蜂出茧困难要及时进行人工破茧，园内还须有湿润泥土坑。放蜂期间避免喷施各种杀虫剂，以保证蜜蜂的安全活动。

4. 提高坐果率的辅助措施

（1）抹芽和摘心 花后至果实着色期，及时抹除过多的萌芽和摘除过旺新梢的嫩尖，有利于提高坐果率。

（2）花期喷施叶面肥　　花期喷施1～2次含有花粉蛋白素和微量元素的叶面肥（果力奇），能促进甜樱桃花粉发芽和花粉管的伸长，提高坐果率。或喷施一次10～20毫克/千克的赤霉素液，能增强植物细胞新陈代谢，加速生殖器官的生长发育，防止花柄或果柄产生离层，减少花果脱落、提高结实率。

花期和幼果期不能喷施过量或多次喷施激素类坐果剂、果实膨大剂、着色剂或多种杀菌杀虫混合剂。花期更不能喷施多种激素混合剂，更不能在中午阳光强烈和温度高时喷施。赤霉素等激素虽然有提高坐果率和促进生长的功效，但浓度过量会造成叶片和果实畸形，会抑制花芽分化，影响下一年开花结果，因此，生产中应正确使用。使用时要把握好时期，在花芽开始大量分化时就不可再施用，并要严格控制喷施的浓度。提高坐果率和增大果个以及促进着色，应通过综合管理措施来实现，以防止产生果实畸形、裂果或推迟成熟等副作用。

5. 增强光照

在果实膨大至着色期，树冠较郁蔽的果园应在树冠下铺设高聚酯铝反光膜，利用反射光，增加树冠下部和内膛的光照强度，促进果实着色，提高果实品质。此外还应加强整形修剪工作，使树体通风透光良好。

6. 防止和减轻裂果

为防止和减轻裂果的发生，首先应选择抗裂果的品种，还要根据当地雨季的时期，选择在雨季之前成熟的品种，其次是采取如下措施防止或减轻裂果。

保持土壤水分状况相对稳定：在果实生长期要加强水分管理，使土壤含水量稳定在田间最大持水量的60%左右，如低于这个水平，就应及时适量供水，不可在土壤过分干燥后再灌水，供水要本着少灌勤灌的原则，切忌一次过量灌水。

增施有机肥和微量元素肥：增施有机肥和富含钙、硅、镁、钾等微量元素肥能有效减轻裂果。

喷施防止裂果的营养剂：果实膨大至着色期喷施2～3次含氨基酸和钙的有机肥（氨基酸钙），提高果实含糖和含钙量，增强果皮韧性，有利于防止或减轻裂果。

利用防雨棚防止裂果：搭建塑料大棚防雨，是目前生产中普遍应用的防雨设施。

降低园内空气湿度：要适时做好采前整形修剪工作，改善透光通风条件，树冠不郁闭，园内空气湿度就会降低，裂果就轻。

7. 防鸟

在果园内搭建防鸟网，将整个樱桃园罩严，可以有效地防止鸟进入而啄食果实，采收后及时将网收起防止损坏。

五、露地生产中的灾害和防御

露地栽培甜樱桃，经常会受到不良气候的影响，而造成严重的灾害，主要有冻害和涝害。甜樱桃属于不耐寒、不耐涝的树种，冬春季寒冷风大地区，树体易受冻害或抽条，夏季雨后积水对其危害更大，地面积水超过 20 小时，就可能引起树势衰弱、引发流胶病，甚至死树。所以防止冻害和涝害是甜樱桃栽培管理的重中之重。

1. 涝害

为防止涝害发生，不在低洼地建园，平地果园特别是渗水性差的果园，除栽植前挖通沟疏松土层或用客土改造，或采取台田式栽植外，同时还要安排好排水工程，利于雨季及时排除园中积水。选择耐涝性强的砧木，也可提高树体抗涝害能力。

果园遭涝害后，应及时采取补救措施，及早排除积水，并喷施植物动力或爱多收等药剂，或氨基酸、壳聚糖类有机营养剂，提高抗逆性；适当重剪，使地上、地下部的生长发育保持平衡，对结果树要注意合理负载，以利树势恢复。

2. 冷风害与冻害

树体越冬后于春季不萌发或萌发不整齐，枝干出现流胶或阳面出现皮裂等现象即为冻害，冻害是由于 −20℃ 以下低温造成，使枝干皮层变褐，或主干向阳面的皮层或木质部冻裂。

枝条出现失水干枯的现象，称抽条，抽条是由于冷风造成。冬末至早春，地下土壤尚未完全化冻，根系大部分处在在冻土层中，不能吸收水分，同时早春风大，空气干燥，枝条水分蒸发量大，形成明显的水分失调，引起枝条生理干旱，造成枝条由上至下抽干。另外，叶斑病为害，秋季叶蝉、浮尘子等害虫在枝条上产卵为害，或人为机械伤害，也会引起抽条。抽条会造成树冠残缺、树形紊乱。抽条多在幼树期发生，随树龄增大而逐渐减轻。但对管理不善的果园，成龄结果树也会发生抽条现象。

防抽条和冻害可采取如下措施：营造防护林，改善果园小气候，可有效防止或减轻抽条；加强综合管理，增强树势，及时防治叶斑病、叶蝉等病虫，防止提早落叶；抑制秋梢徒长，让枝条在正常生长的基础上，适时停止生长，使枝条发育充实；越冬前树干涂白涂剂，或喷施防冻保水剂等，可增强抗抽条和冻害能力。

3. 鸟兽害

甜樱桃园在果实成熟期和越冬期常遭受鸟兽危害，如麻雀、喜鹊等各种鸟类啄食果实，使受害果失去商品价值，或造成减产。野兔、鼠类等动物啃食树皮、枝梢和树根，使树受到损伤，影响生长发育。对这些危害应采取防治措施。防鸟害常用的方法有：播放鸟惨叫的录音，使鸟感到恐惧而不敢近前；用高频警报装置干扰鸟类的听觉系统；做人的模拟形象，或高挂光碟和闪光的彩条使鸟类惧怕，或间断性燃放鞭炮等。但是，上述方法应用时间长了，对鸟的驱赶作用会逐渐变小。防鸟最有效的方法还应该是架设防鸟网，果实开始着色前罩上，采完果后将网卸下。对兔、鼠等有害小动物，可通过人工、机械捕杀和药剂毒杀以及枝干涂白等方法进行防御。

4. 除草剂危害

在樱桃园除草时，避免使用含有 2,4-滴丁酯成分的除草剂，以免引起药害。2,4-滴丁酯是一种选择性除草剂，甜樱桃对远或近距离漂移的药剂都非常敏感，很低浓度就可使其受害，被害叶片窄小，叶面皱缩，叶缘锯齿状（彩图 48）。其他除草剂也要避免在风力较大天气时喷施。

5. 盐碱危害

甜樱桃栽植在盐碱含量较高的地块上（土壤 pH 值超过 7.5 以上），生长发育不良，表现嫩叶叶肉变黄，叶脉呈绿色网纹状失绿，随病势发展，失绿程度加重，整叶变成黄白色，叶缘枯焦，新梢顶端枯死（彩图 49）。如果土壤盐碱化严重，可土施过磷酸钙或硫黄粉，或施用酸性肥料来调节，酸性肥料施用量要根据土壤的 pH 值来决定，pH 值的测定可采取 pH 值试纸测定法。

6. 风害

在多风地区栽植甜樱桃，各季节中都可能对树的生长发育造成危害。

在北方地区，冬春季的大风可造成树体失水、枝条抽干，冷风害对幼旺树为害严重，会导致枝条失水抽干以致全树枯死；冬季大风伴随低温，容易使花芽受冻；花期大风能吹干柱头黏液和影响传粉昆虫活动，造成授粉受精不良；大风频繁地区能造成树体偏冠；沿海地区的台风以及较大的海风会使树体过度摇动，根系受到伤害。

为防止和减轻风害，要采取一系列有效措施：建园的同时规划营造防风林；选用固地性强的砧木；采取矮化密植方式，提高树的整体抗风能力；加强土壤管理，为根系生长创造有利条件，以增强根系固地能力；冬季根部培土堆高 30 厘米左右等；幼树期的果园在大风期间可立支柱固定树干。对已遭风害的树扶正，将根埋土压实；对劈裂的枝，能恢复的应绑缚吊起，没有恢复价值的及时锯（剪）掉。

此外还有晚霜为害，已在花果管理中叙述，不再重复。

第二节　保护地甜樱桃田间管理技术

一、覆盖与升温时间

温室和大棚栽培甜樱桃，覆盖和升温时间的早晚与果实是否能提早上市密切相关。甜樱桃属于北方落叶果树，其树体需要安全度过休眠期，即通过一定量的低温（低温需求量）才能正常萌芽展叶、开花结果。如果低温需求量不足，会出现萌芽开花不整齐、花期拉长，或先叶后花，开花晚、坐果率低等现象。甜樱桃休眠期需要在 0～7.2℃ 的条件下，累计通过 800～1400 小时，这一累计时数称为需冷量，不同品种的需冷量不同。目前生产中栽培的多数品种的需冷量在800～1200 小时，以红灯和佳红为代表的品种其需冷量为 800 小时，以拉宾斯和沙米豆为代表的品种其需冷量为 1000 多小时，保护地栽培中只有满足其需冷量才可以揭帘升温。

1. 覆盖时间

（1）温室的覆盖时间应在外界气温第一次出现 0℃ 以下低温（初霜冻）时，即霜冻的第二天，往往都是晴朗无风的好天气，最适合温室的覆盖作业，不需要等待落叶后覆盖。

（2）人工制冷强制休眠的温室，覆盖的时间依据果实上市的时间要求来定，计划春节期间果实上市的，覆盖的时间一般为 8 月末至 9 月上旬，此间树体基本完成当年的生长发育，最早不可以早于 8 月 20 日左右，最好选择在上一年进行过提早生产的温室中进行，因其花芽饱满程度高。

（3）大棚的覆盖时间因地区和生产目的而不同。有覆盖物的、又想抢早上市的以及露地不能安全越冬地区的大棚，在霜冻后覆盖。能安全越冬的，可根据果实计划上市的时间来定，但要保证升温前有足够的低温量。

2. 升温时间

升温时间依据甜樱桃休眠期的低温需求量和设施类型来确定。升温的时间必须以棚内品种最高的需冷量来确定。各地多年生产实践证明，因一个保护地内多是栽植 3 个以上品种，其需冷量需达到 1200 小时左右较为安全可靠。

（1）采取温室栽培的，因有较好的保温性能，在满足需冷量后即可升温。

（2）采取大棚栽培的，由于大棚保温性能较差，升温时间不宜过早。有草帘覆盖的大棚，应在外界旬平均气温不低于－12℃左右时升温；无草帘覆盖的大棚，应在旬平均气温不低于－8℃左右时升温。如果升温过早，在开花期和幼果期易遭受寒流，导致冷害或冻害发生。

（3）秋季移栽大树的温室或大棚，若当年冬季进行加温生产，升温时间宜晚，不要早于 12 月 20 日，而且升温的速度要慢。

（4）当棚室较多、面积大时，为减轻采果、销售、运输压力，可分期升温，使果实成熟期错开。

3. 提早升温的措施

如果休眠期低温量没有满足时，可在揭帘升温前的 5～10 天，喷施 50～80 倍液的含有 50% 单氰铵的破眠剂。单氰铵是一种植物休眠终止剂，它可有效地抑制植物体内过氧化氢酶的活性，加速植物体内氧化磷酸戊糖循环，从而加速了植物体内基础性物质的生成，刺激植物生长，终止休眠。在樱桃上应用可使树体提前 5～7 天萌芽；还可缩短花期，使果实成熟期提早 5～10 天。但在使用时要注意阅读产品说明书，喷雾时特别要做到细雾轻喷，以润湿状为好，也就是药液雾滴越细越好，不可以喷成滴水状，不可以漏喷，更不可以重复喷。

在喷破眠剂作业时，注意要对秋季补栽进棚的大树一并喷施。

二、温湿度管理指标

温室和大棚栽培甜樱桃，其环境条件与露地不同，它不仅受自然条件的限制，也受人为因素的影响。其中温度、湿度是众多因素中最为重要的部分，直接影响着甜樱桃树体的生长发育，也是栽培成功的关键。棚内气温、湿度和地温，必须保持在甜樱桃生长发育所需的最适范围内。

甜樱桃各生长发育阶段的温度、湿度和地温调控指标见表 6-2。

表 6-2　甜樱桃各生育期温湿度调控指标

项目	休眠期	萌芽期	开花期	幼果期	膨大期	采收期
温度/℃	0～7.2	5～18	8～18	12～22	14～24	14～25
湿度/%	70～80	70～80	50～60	50～60	50～60	50～60
地温/℃	5～8	8～18	14～20	16～20	16～20	16～20

1. 休眠期温湿度管理

覆盖至揭帘升温这段时间为休眠期。休眠期棚内温度应保持在 0～7.2℃ 范围内，最低不低于 0℃，最高不可高于 9℃。湿度保持在 70%～80%，地温不低于 5℃。

休眠期间温度若高于 8℃，可在晚间温度低时揭帘通风降温，若温度低于 0℃，可在白天适当卷帘升温至 7～8℃，这样管理有利于树体休眠，也有利于升温后地温的提高。实践证明，最适宜温度是 5～8℃，尤其是秋季移栽大树的温室或大棚，休眠期棚内温度应保持在这个范围内。

2. 萌芽至开花期温湿度管理

从揭帘升温至花芽现蕾为萌芽期，从初花至落花这段时间为花期。此期间的温湿度管理至关重要。升温的速度不可过快，温度指标控制不可过高。因为萌芽期也称孕花期，花器官在这段时间里还在进一步分化，温度升高过快、过高，都会影响花朵发育的质量，最终影响坐果率；湿度过低萌芽不整齐，因此应缓慢提高温度，适当增加湿度。从开始升温至初花期，必须历经 30 天以上，否则，即便是开花了，坐果率也是很低的。

开始升温的第 1 周内，棚内温度白天最高不超过 15℃，之后提高至 18℃ 保持到落花期，夜间不低于 3～5℃。秋季移栽大树的温室或大棚，开始升温至开花期的最高温度不要超过 16℃，这段时间掌握在 40 天左右，这样有利于根系和树体恢复。

萌芽期的湿度要求较高，应保持在 70%～80%，开花期的湿度应降低，保持在 50%～60%，白天最低也不要低于 30%，湿度低时要及时向地面洒水来增加湿度。

3. 花后至果实成熟期温湿度

花后的幼果期，白天最高温度控制在 20～22℃，夜间不低于 8℃，果实成熟期的白天最高温度控制在 25℃ 左右，夜间不低于 10℃。

幼果期至成熟期的湿度宜低不宜高，最高应控制在 50%～60%，湿度小不易裂果、不易发生灰霉和煤污等病害。

三、温湿度调控措施

在温室和大棚生产中，从萌芽至采收期间，不可避免会遇到不良气候而影响棚内温度，可通过以下措施调节。

（1）温度调控 主要是增温和降温。

① 增温措施 对于保温性能差的温室，应加盖化纤毯或棉被。当遇到气温骤降、棚内温度过低时，或连续阴雪天白天不能卷帘时，应利用供暖设备如热风炉和暖气等，临时加温。

掌握正确的卷放帘时间也是增加温度的必要方法。一般揭帘后，棚内气温短时间下降1～2℃后上升，为比较合适的揭帘时间。若揭帘后棚内温度不下降而是升高则揭帘过晚。放帘后温度短时间回升1～2℃后，然后缓慢下降，为比较合适的放帘时间。若放帘后温度没有回升，而是下降，则放帘时间过晚。此外，经常及时清除棚膜上的灰尘，以增加透光率，也是有效的增温措施。

② 降温措施　需要降温主要出现在晴天时温度超过正常管理指标的情况，主要通过打开通风窗和通风口等来调节，通风量要根据季节、天气情况和甜樱桃各生育阶段对温度的要求灵活掌握。当棚内温度达到最适气温时开始逐步通风。注意在开放通风口时要由小渐大，使温度平稳均匀变化，不能忽高忽低。不能等待温度升高至极限时，突然全部打开通风口，这样会造成骤然降温，特别在通风口附近，温度下降迅速，会使花、叶或果实受到伤害，目前应用智能控温设备就不存在这样的问题了。

（2）湿度调控　主要是增湿和降湿。

湿度对甜樱桃的生长影响不次于温度，如萌芽至开花期湿度过低，萌芽和开花不整齐，花柱头干燥，不利于花粉管萌发，湿度过高时，花粉粒过于潮湿不易散粉，也易引起花腐病；幼果期湿度过高易引起裂果以及灰霉病和煤污病发生；果实着色期湿度过高，容易引起裂果和果实含糖量降低，以及叶斑病和灰霉病的发生。

① 增湿措施　需要增湿时是在萌芽期和开花期，措施是向地面喷水（图6-4），在晴天的上午9～10时向地面喷雾或洒水，水不要喷洒过多，以放帘前1～2小时全部蒸发完为宜。有条件的可用加湿器来增湿。

图6-4　洒水增湿

② 降湿措施　需要降湿的时期是在果实发育期间，降湿应把土壤水分与通风排湿结合起来管理。首先在不影响温度的前提下开启少量通风口，通过换气排湿。其次是改变灌水方式，可以采用膜下灌溉或穴灌的方法。灌水时间选择连续晴天之前的上午，还可利用生石灰吸湿的特性，用木箱或盆等容器盛装生石灰，吸收棚内空气水分，每亩用量约为200～300千克。

另外，降低湿度管理措施的关键是选用无滴防雾棚膜，减少滴水和雾气产生。在覆膜时，除了沿棚长方向抻紧外，跨度方向也要抻紧，避免有褶皱，以减少滴水。

四、光照调控措施

光照不足主要的影响是导致果实延期成熟、果实品质下降以及影响花芽分化。增强光照强度和延长光照时间，除了选择最优结构设施和合理的方位建设，以及适宜的塑料薄膜外，还应备有增光、补光措施，以弥补冬季和阴雪天光照时间短和光照不足。

1. 适当早揭晚放草帘

坚持适当早揭晚放草帘。阴天时在不影响温度情况下尽量揭帘，散射光也有利于树体生长发育，避免阴天不揭帘。

2. 清洁棚膜

利用棉布条或旧衣物等制作长把托布，经常清洁棚膜上的灰尘和杂物，增加棚膜的透光率，这是一项非常重要的增加光照的措施。一般每2～3天清洁1次（图6-5）。

图 6-5 定期清洁棚膜

3. 铺设反光膜

于幼果期开始在树冠下面和后墙上铺挂高聚酯铝膜，将温室树冠下和后墙上的阳光反射到树上。

4. 补光

在遇到连续阴雪天或多云天气无法揭帘时，多采用日光灯、碘钨灯补光。采用日光灯补光的，灯距树冠上部 60 厘米为宜。每 40～50 平方米设一盏灯。

五、气体调控措施

温室和大棚内的空气成分与露地不同，对树体生长发育有影响的气体主要有两个：一是二氧化碳气体，二是肥料分解释放的有害气体等。气体影响不像光照和湿度那样直观，往往被人们所忽视。二氧化碳是植物进行光合作用不可缺少的原料，若树体长期处在二氧化碳浓度低的条件下，就会严重影响光合作用。温室和大棚生产中，在揭帘升温后至撤覆盖之前，如管理不规范经常还会产生有害气体，如一氧化碳和二氧化硫等，造成叶片或果实伤害，防止有害气体的产生能消除其对当年和下一年产量的影响。

1. 二氧化碳气体调控

温室和大棚内二氧化碳浓度变化规律为，从下午放帘后，随着植物光合作用的减弱和停止，二氧化碳浓度不断增加，22 时达到最高值。次日揭帘后随着太阳照射，光合作用的加强，二氧化碳浓度急剧下降，至上午 9 时二氧化碳浓度已低于外界大气的二氧化碳浓度，在通风之前出现最低值。

生产中通常采取人工补充二氧化碳气体的办法来调控。补充的方法有，施用固体二氧化碳肥料，或通过二氧化碳发生器，将稀硫酸和碳酸氢铵混合反应产生二氧化碳气体，但主要方法为靠通风换气调节，晴天时在揭帘后和放帘前，少量开启通风口进行气体交换，补充二氧化碳。

释放二氧化碳气体，应在花后开始，一般在晴天揭帘后 0.5～1 小时释放，放帘时停止（通风期间也可以停止释放），释放时可适当提高棚内温度，以便充分发挥肥效。

2. 有害气体防控措施

有害气体包括氨、二氧化氮、二氧化硫和一氧化碳等。

氨和二氧化氮气体主要来自未腐熟的畜禽粪、饼肥等的发酵分解过程和地面撒施氮肥没覆盖的情况，使氨气和二氧化氮气体释放至空气中，导致植物中毒。氨害的症状多在施肥后 1 周内表现，二氧化氮为害的症状多在施肥后 1 个月左右表现。氨害使幼叶出现水渍斑点，严重时变色枯死，二氧化氮害使叶片褪色出现白斑，浓度高时叶脉变成白色，甚至全株枯死。

二氧化硫气体是由于在温室内加温过程中，燃烧含硫量高的煤炭而产生的，一氧化碳气体是由于煤炭燃烧不完全，和烟道有漏洞、缝隙而排出的。受害叶片的叶缘和叶脉间细胞死亡，形成白色或褐色枯死。

此外，还有一些防治病虫害的烟雾药剂会发生烟害或药害，熏烟的杀虫杀菌剂不可以在樱桃温室中应用，尤其是含有嘧霉胺成分的熏烟剂不可以在樱桃温室中使用。这些有害气体都是人为造成的，只要按照相关管理措施认真操作，这种特殊灾害就不难克服。

六、土肥水管理

1. 土壤管理

土壤管理的重点是萌芽前翻树盘，翻树盘不仅提高土壤的透气性，还有抑制坐果期新梢徒长、提高坐果率的作用。

（1）松土　温室和大棚的土壤管理与露地一样，主要作业是松土，时间一是在萌芽前，二是在每次灌水和降雨之后。尤其是在树体萌芽前，必须进行一次翻树盘作业。萌芽前翻树盘深度在 10～20 厘米，距主干处稍浅，至外缘处渐深。每次灌水和降雨后的松土深度一般以 5～8 厘米为宜。

（2）覆地膜　温室和大棚甜樱桃地面覆盖地膜，目的主要是提高萌芽期土壤温度，于翻树盘后覆地膜，待地温提高后应去除。

2. 施肥

温室和大棚栽培甜樱桃，使树体的生长发育提早在冬季至早春，由于棚内温度相对较低，光照条件较差，根系生长较枝干萌动晚，致使树体当年早期产生的营养较少，加之高密度栽培需要较多的养分供应，所以增加树体贮藏营养和养分的及时供应，是提高产量和品质的前提条件。施肥方法要杜绝地面撒施，施后要覆土盖严，防止气体挥发。

施肥时期分为春、夏、秋三季，施肥量的多少，要根据树龄、树势、产量、土质等诸多因素来决定。

① 秋施基肥　施用的最佳时期为初秋，各地气候不一，以霜前 50～60 天左右为宜，如果是强制休眠管理还应再提前一个月左右。秋施肥多采用条状沟施肥法进行，第一年在树冠外围的两侧各挖一条深 30～40 厘米、宽 40 厘米、长约树冠的 1/4 的半圆形沟，第二年施树冠的另两侧，将有机肥和化肥与土拌匀后施入。初果期树施牛、马、羊粪 50～100 千克/株，盛果期树 100～150 千克/株；纯湿鸡粪，初果期树 20 千克/株，盛果期树 30 千克/株；湿饼肥，初果期树 15 千克/株，盛果期树 30 千克/株，施后覆土盖严。秋施肥还应隔年加入过磷酸钙或硅钙镁钾肥。

② 萌芽期施肥　萌芽初期采用放射沟施肥法进行土壤施肥。从距树干 30 厘米处向外开始划 6～8 条放射状沟，沟深、宽 10～15 厘米，沟长至树冠外围垂直投影下，施入速效性化肥或生物有机肥和菌肥。施用氮磷钾 1：1：1 或

1.5：1：1的配比复合肥料，初果期树0.5～1千克/株，盛果期树1～1.5千克/株，豆饼肥2.5～5千克/株，过磷酸钙0.5～1千克/株。

施肥时，要将化肥与生物肥（包括菌肥、过磷酸钙等）隔沟施入，不可以混在一起施用。氮磷钾复合肥因土质、气候、品种、树势、树龄等不同，所采用的各元素配比也不尽相同，应根据本园地的具体情况，决定最佳氮磷钾施用配比，施后覆土盖严。

③ 开花至采收期施肥　花后施肥以冲施速效性肥料为主，辅以根外喷施法进行补充，冲施肥要与灌水相结合。

于落花后每隔10～15天，冲施一次含氮量少、含磷钾量高的速效性肥，和含氨基酸、黄腐殖酸、壳聚糖的冲施肥。花后半月至采收后的一个月期间每隔7～10天结合施药交替喷施一次0.2%～0.3%硼砂液和氨基酸类的有机肥，采收后加入500倍液尿素，防止叶片、花芽老化。

④ 采果后追肥　果实采收后采用放射状沟土壤施肥法，施入2：1：0.5的复合肥和有机肥，每株1.0千克左右，恢复树势，促进花芽饱满。

3. 灌水

温室和大棚甜樱桃的水分管理，强调灌透萌芽水和采后水，严格掌控催果水的时期、灌水量以及灌水方法，要根据树体生长发育对水分的需要和土壤含水量进行。灌透萌芽水，能满足树体萌芽、展叶、开花对水分的需求；灌透采后水，能满足采后恢复树势对水分的需求；严格掌控催果水的时期、灌水量以及灌水方法，能杜绝落果和防止因湿度过大而造成病害发生。

（1）灌水时期与灌水量　灌水量与露地甜樱桃要有所区别，温室和大棚生产在冬春季，并有塑料覆盖，无降雨、蒸发量小，需要严格控制好灌水量。

① 萌芽水　即揭帘升温时灌水，可增加棚内湿度，促进萌芽整齐。水量要充足，灌足灌透，以润透土壤40厘米深为宜。

② 花前水　即开花前补水，可满足发芽、展叶、开花对水分的需求。水量应以"水流一过"为度。

③ 催果水　即硬核后灌水，可满足果实膨大和花芽分化的需要，这一时期灌水应慎重，一般以花后15～20天灌水为宜，结果大树株灌水量以50～60千克、结果幼树以30～40千克为宜。为防止落果和裂果，还可分两次灌入。升温较晚的温室和大棚，由于通风量大，灌水时间和灌水量可适当提前和增加。

④ 采前水　采收前10～15天是甜樱桃果实膨大最快的时期，这一时期缺水，影响果个增大，严重的还会引起果实软化，导致产量低。水量过大不仅会引起裂果，还会降低果实品质，因此水量应与催果水相同。

⑤ 采后水　果实采收后，为尽快恢复树势，保证花芽分化的顺利进行，水

量以润透土壤 40～50 厘米深为宜。

（2）灌水方法 灌水方法较露地要更为科学，关系到棚内湿度、坐果率以及果实品质。

① 漫灌 是在树盘两侧作挡水埂，水在树盘内流过的灌水方法，萌芽前和采收后可采取这种方法灌水（图 6-6）。

图 6-6　漫灌

② 沟灌或坑灌 是催果水和采前水的最佳灌水方法，即在树盘上挖环状沟或圆形坑，深 20 厘米，进行灌水，水渗下后覆土（图 6-7）。

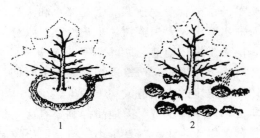

图 6-7　沟灌和坑灌
1—沟灌；2—坑灌

③ 畦灌 是树盘漫灌的另一种方法，在树盘中间做埂，将树盘分为两半。每次灌树盘的一侧，交替灌水（图 6-8）。此法宜用在开花至采收期。

④ 滴灌 滴灌需在园内安装滴灌设施，将灌溉水通过树下穿行的低压塑料管道送到滴头，由滴头形成水滴或细水流，缓慢地流向树根部。滴灌可保持土壤均匀湿润，又可防止根部病害的蔓延，也是节约用水的好方法。

4. 雨季排水

温室和大棚揭摸后进入露地管理期间，防涝也是一项不可忽视的工作，树盘上积水易涝，但是在没有积水，而当土壤含水量长时间超过 80% 以上时，也会造成涝害，除了在建棚时避开低洼易涝和排水不畅的地段外，要在行间、温室前

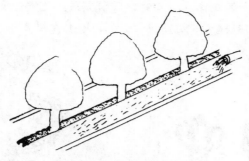

图 6-8　畦灌

底脚或大棚四周修排水沟。

在行间、前底脚或四周挖 40～50 厘米深、30 厘米宽的沟，行间沟要与前底脚水沟或四周的沟相通，在雨季来临之前，要及时疏通排水沟，以便及时排除积水。

七、花果管理

花果管理关系到果品产量和质量，主要包括提高花芽分化数量和质量、辅助授粉、疏蕾疏花、除花瓣、增强果实着色、防止裂果以及灰霉病、防止采后开花和花芽老化等。

甜樱桃多数品种自花结实率很低，加之在覆盖条件下无风、无昆虫，对甜樱桃坐果有很大影响，为了确保坐果率的提高，除了在建园时合理配置授粉树外，花期必须采取人工或蜜蜂辅助授粉的措施来提高坐果率。保护地栽培虽然避免了因降雨导致的裂果，但是不适当的灌水或过多施用氮肥，以及棚内空气湿度过大仍会引起裂果。

1. 提高花蕾质量

在萌芽期，应尽可能使树体尽量多地接受直射光照射，对提高花蕾发育质量和提高坐果率十分重要，是促进坐果和提高花蕾质量的不可忽视的技术环节。每逢多云或阴天时，在不降低温度的前提下，尽可能揭帘。避免在萌芽期放帘降温，也不要用高温闷棚催芽，在保证适宜温度的前提下，及时通风换气。此外，在现蕾期喷施氨基酸类的有机营养剂，也是提高花蕾质量的一项重要措施。

2. 疏花与疏果

疏花疏果可以使树体合理负载，减少养分消耗，有利果实发育和提高果实品质。疏花疏果包括疏花芽、花蕾和疏果。

（1）花芽膨大期疏除短果枝和花束状果枝基部的瘦小花芽，每花束状果枝上保留 3～4 个饱满肥大的花芽（图 6-9），现蕾期疏除花序中瘦小花蕾（图 6-10）；开花期疏去柱头短和双柱头的畸形花，每个花序上保留 2～3 朵花。

图 6-9　疏花芽

图 6-10　疏花蕾

(2) 盛花 2～3 周即生理落果后进行疏果，主要疏除畸形果、病虫果。

3. 辅助授粉

(1) 人工辅助授粉　没有释放蜜蜂或温度低蜜蜂不出巢时，每天上午 9～10 时和下午 2～3 时进行人工授粉。人工采集花粉，用授粉器点授。人工授粉的花粉来源是采集含苞待放的花朵，人工制备。具体做法是，将花药取下，薄薄地推在光滑的纸盒内，置于无风干燥、温度在 20～22℃ 的室内阴干（图 6-11），经一昼夜花药散出花粉后，装入授粉器中授粉（图 6-12）。花粉可以在棚里采，随时采随时用，或是在露地园采，采后阴干，阴干后装入有盖的小玻璃瓶中，放入干燥器皿中密封，或放入塑料袋中并加入干燥剂密封，贮藏在 -20～-30℃ 的低温条件下（冷库、冷冻箱）贮藏，授粉时从冷冻箱中取出花粉，在室温条件下放置 2～4 小时，再进行人工点授。

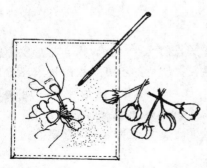

图 6-11　人工采粉

图 6-12　人工点授

授粉器的制作方法是，在青霉素瓶盖上插一根粗铁丝，在瓶盖里铁丝的顶端套上 2 厘米长的气门芯，并将其端部翻卷即成，人工点授以花开的第 1～2 天内效果最好。

（2）**花期放蜂授粉** 人工点授花粉虽然坐果率较高，但是费时费工，主要还应依靠蜜蜂进行辅助授粉，即在甜樱桃初花时每温室放1箱蜜蜂即可。在放蜂期间，若遇雪天或低温天气，蜜蜂不出巢采蜜，必须采取人工授粉的措施，保证授粉。

4. 清除花瓣

温室和大棚甜樱桃的花期较露地花期空气湿度大，又无空气流动，花瓣不易脱落，或落在下面的叶片和果实上，影响叶片光合作用，易引起叶片和果实灰霉病的发生，所以在落花期间于每天下午棚内气候干燥时，应时常轻晃枝条，震落花瓣，并人工摘除落在叶片和果实上的花瓣。

5. 提高坐果率的辅助措施

（1）**花期喷施叶面肥** 于初花期和末花期各喷布一次含有花粉蛋白素的营养液（果力奇），可显著提高坐果率。不要在阳光强烈和高温时喷施，避免花瓣出现枯焦现象，应在下午或多云天时喷施。

（2）**除萌和摘心** 于花期开始，经常摘除过多萌蘖和过旺新梢的嫩尖有助于提高坐果率。

提高保护地樱桃坐果率的栽培重点还包括应该注重采收后的肥水管理和病虫害防治，促进花芽饱满和防止花芽老化。

6. 防止和减轻裂果

防止和减少采前裂果的措施，首先是选择抗裂果的品种，其次是从土壤水分和空气湿度两个方面来加强管理。

（1）**保持土壤水分状况稳定** 在果实硬核后至着色期，一定要保持土壤含水量的相对稳定，使土壤含水量保持在田间最大持水量的60％～80％左右。灌水原则是少灌勤灌，不要等到干透再灌。

（2）**降低棚内空气湿度** 果实发育期，由于枝梢的生长发育，叶面积增大，树体蒸腾水分增多，使棚内空气湿度变大，应适时开启通风装置，通风排湿。灌水时采取挖沟或坑的方法，水渗后覆土盖严，保持地表干燥，此外，还应选择在晴天时灌水。

（3）**叶面喷施氨基酸类有机肥或钙肥** 果实着色期喷施1～2次含钙的有机肥（氨基酸钙），有利于防止或减轻裂果。

7. 促进花芽分化和提高果实品质的措施

在正常的肥水管理条件下，应重视花后至采果期间的速效性磷钾肥，和有机营养剂的供应，此外还要注意控制新梢的旺长，以及保持花芽分化和果实发育的适宜温湿度，促进花芽分化，提高果实品质。

八、采收后树体管理

温室和大棚栽培甜樱桃，采收后管理重点是放风锻炼，适时撤除覆盖，以适应外界环境条件，防止叶片损伤和老化；及时防治叶斑病和二斑叶螨，防止提早落叶，导致采后开花；适时浇水防止干旱。

1. 放风锻炼

温室和大棚甜樱桃，最早升温的是在 2 月下旬开始采收，采收期需要 20～30 天，最晚升温的是在 5 月上旬采收完毕。采收结束时的外界气温与棚内气温相差还比较大，尤其是北方地区，加之此时甜樱桃树体还处在花芽分化阶段，还需要较高的温度。此时外界温度如果还很低就撤膜，树体不能适应外界环境条件，会影响花芽分化，也易对树体和叶片造成伤害。因此，必须在外界温度与棚内温度基本一致前进行扒膜放风锻炼，锻炼 15～20 天后再撤棚膜，撤棚膜时的外界旬平均气温应不低于 15℃，选择无风多云天气时撤膜最好，此间放风锻炼的时间不可少于 15 天。

放风锻炼的方法是将正脊固膜杆或绑线松开，两侧山墙的固膜物不动，使棚膜逐渐下滑，或同时将底角棚膜往上揭。大约每 2～3 天揭开 1 米左右（彩图 50）。

如果不进行放风锻炼，可以在撤棚膜时覆盖遮阳网，遮阳网的透光率应在 70%以上（两针网），不可以过密，以免影响树体进行光合作用，抑制花芽发育而使其饱满程度差。温室遮阳网的覆盖宽度应该是顶部和底部各留 2 米左右，大棚两侧的底部也是各留 2 米左右，不需要全覆盖（彩图 51）。

2. 防病虫为害

撤膜后进入露地管理期间，重点防治的病虫害是叶斑病和二斑叶螨，防止叶片受害而提早落叶。

3. 适时灌排水

适时灌排水，防止过于干旱或水涝，造成采后开花和花芽发育畸形等其他损害。

九、保护地生产中的问题与对策

近几年在温室和大棚的生产中，出现的主要问题有落花落果、花芽分化数量逐年减少和枯枝死树等现象，严重影响着栽培者的经济效益。

1. 落花落果问题

（1）落花落果原因　引起落花的因素很多，最重要的因素有花芽的质量、水分和温度等。花芽分化后期因肥水或光照不足而饱满程度差、或萌芽和花期温度过高以及过于干燥、或花后浇水过早过量、或没有搭配授粉品种等都会出现只开花没坐果的现象。

在诸多原因中灌水时间过早、灌水量过大是引起落果的主要原因。果农们在管理中因为以往资料中强调的"落花后当果实发育如黄豆粒大小时，可进行灌水、补充水分"；"防止旱黄落果目前主要采取硬核前后勤灌水的方法"；"硬核水，在落花后果实如高粱米粒大小时进行。此期大樱桃生长发育最旺盛，对水分的供应最敏感，浇水对果实的产量和品质都有很大影响。此期土壤含水量不足，就会发生幼果早衰、脱落"等论述，较为重视幼果期的灌水，有的栽培者在花后5～7天就大水漫灌，甚至于在花还没有落完就灌水，这种管理观念在保护地中常见，结果是灌水越早、越勤、灌水量越大落果越严重，严重的落果率高达80%以上。

辽宁省果树所对甜樱桃进行早期灌水的试验证明，落花至硬核前这一时期灌水（漫灌）都有不同程度的落果，尤其是地面覆地膜的和大水漫灌的温室和大棚，落果更重。灌水时期过早、灌水量过大，不但会引起萎黄落果，还会发生新梢徒长、降低花芽分化率的现象。经试验表明，硬核前平均每株树的灌水量在200～500千克的，落果率可达50%～90%，新梢节间平均长5.2厘米（正常为3.1厘米），花芽分化率降低50%～80%。对因灌水造成落果的调查还发现，果梗绿色不易脱落，解剖种仁可看到，种皮褐色，种仁浅褐色或白色，呈胶液状；而露地旱黄落果的症状是果梗变黄易脱落，种皮白色，种仁呈干缩失水状。综上分析生理方面的原因，保护地甜樱桃的落果的主要原因是灌水过早过多，使正处在速长期的新梢过旺生长，新梢的徒长争夺了树体内大量的养分和生长素，幼果得不到充足的养分和生长素而出现萎黄症状，尤其是种仁坏死后不能产生GA调运和产生养分供果实生长，而发生萎黄落果，新梢徒长不但抑制果实发育，也会抑制花芽的分化。

调查试验结果还表明，在落花20天后采取小水漫灌、滴灌或树盘挖沟（坑）浇水的，都不会引起落果，即使在果实着色前不灌水（花前5～7天灌一次），也不会有严重的落果现象，只不过果个小而已。

此外，落果还与个别品种的生理特性有关，在落花至硬核期间该类型的品种新梢生长过快也会引起落果。

落花落果还与花芽发育过度或老化有关。保护地较露地栽培，树体提早发育

2~3个月,生育期的延长和夏季高温、干燥以及降雨量大,导致发生后期分化(也称发育过度或后续发育或老化),秋季时表现花芽膨大而未开或花芽外部的鳞片干枯,这样的花芽在升温后表现出开花不整齐、花柄短、柱头先伸出花蕾等症状,因而出现虽然开花多却坐果很少的现象。

落花落果还常因药害或肥害引起。花期喷施过量坐果剂,或在温室内温度高、不通风条件下喷施杀虫剂,地面撒施各种易产生气体的肥料等,都会引起叶片或果实伤害,导致落花落果。

(2)防止落花落果的关键措施 防止落花落果的关键措施首先是适时适量灌水。硬核前如果需要灌水,水量一定要小。6~7年生以上结果大树,硬核后每次灌水量每株不应超过50千克,3~5年生结果幼树不应超过30千克,要少量多次,尤其是覆地膜的和土壤黏重的,可减少水量和灌水次数,另外还要根据各品种的硬核期决定灌水时间,也就是分品种按株灌水。

其次是改变传统的灌溉方法。花后至采收期,最好的灌水方法是在树盘四周或两侧挖3~4个深20厘米左右的沟或坑浇水,待水渗下后埋土,保持棚内地面干燥。或将树盘分成两半,每次灌一半(畦灌)。

再有是加强温湿度等综合管理。升温的速度不可以过快,从升温至开花必须历经28~30天的时间,不可少于25天;温度不可以高于25℃、湿度不可以常时期低于30%;花期遇到短时间降温时,在棚内温度不低于0℃时,没有必要进行人工加温(暖气和空调除外),不可以用烟雾剂加温或防治病虫害;休眠期间棚内土壤温度不可以低于5℃;花期注意花腐病的防治;花后一周以后随时对过旺新梢进行摘心或拿枝,随时疏除过多的萌蘖和有可能成为竞争枝的徒长枝,抑制营养生长过旺,减少养分消耗;注意花期补充花粉蛋白素和氨基酸等有机营养;采收后覆盖的遮阳网其遮光率不可高于30%。

此外,不可以选择有生理落果的品种进行温室栽培。

2. 花芽渐少问题

(1)花芽渐少原因 第一,栽培者对甜樱桃的花芽分化时期的认识有误,肥水供应不及时。

多数栽培者认为甜樱桃的花芽分化是在采收后开始的,于是只注重采收后的肥水供应,而实际中不论怎样加强采收后的肥水管理,也不能使甜樱桃再形成更多的花芽。据辽宁省果树所对甜樱桃花芽分化进程开展的研究表明,甜樱桃花芽的生理分化是在花后20~25天开始的,不同品种稍有差异。果实成熟时,可以见到花芽的外部形态(彩图52、彩图53),花芽分化期也正是幼果膨大期,也就是说花芽的生理分化与果实生长同步,所需的养分时期集中,需求量大,在贮藏养分耗尽、花前施肥还没完全转化吸收(温室栽培甜樱桃,根系生长比露地晚

5～10 天）的情况下，养分的不足就影响了花芽分化，而栽培者却在采收后供肥供水促花芽分化，必然会出现花芽数量减少的现象。

第二，负载量大。对于小水果甜樱桃，栽培者大多没有疏花疏果的习惯，尤其是保护地，栽培者都怕坐不住果，任其开花结果．开多少留多少，结多少留多少，株产高达 50～60 千克，个别大树甚至株产达 70 千克以上。这样的温室和大棚，如果肥水条件再差一点，其花芽量只有上年的 50% 左右，这说明过量的负载，消耗了大量的养分，使结果与花芽分化的关系失去了平衡，因为果实的生长与花芽的分化同步进行，此期间不及时供应养分，造成养分不足而抑制了花芽的形成，致使当年花芽数量减少。

第三，花后至采收期间，氮肥过多、水分过大和温度过低也会影响花芽分化。

第四，激素类药剂浓度过大抑制花芽分化。近几年，在保护地管理中，很多栽培者为了提高坐果率和促进果实膨大，在花期和幼果期喷施高浓度的以赤霉素和细胞分裂素为主的激素类坐果膨大剂，虽然可以达到当年坐果累累的目的，但当年的花芽数量明显减少，严重的可减少 70% 以上。不但花芽数量减少，同时会促进树体过旺生长。为了避免树体旺长和促进成花，在花前喷施高浓度的PBO 和多效唑，这样的管理措施虽然能使不良症状有所改变，但多年连续施用这两种不同作用的药剂使树体产生了生理障碍，表现出叶片狭长卷曲、枝条节间和果梗拉长、果形不正，甚至畸形等症状（彩图 54、彩图 55），还会发生枯枝死树现象（彩图 56）。

（2）杜绝花芽渐少的关键措施　第一，要掌握花芽分化的关键时期，在花芽分化期补充磷钾以及微量元素肥。在进行秋施肥和萌芽前施肥的正常管理下，应在花后及时补充速效性的磷钾肥和氨基酸，以及多种微量元素肥。

第二，合理负载。疏花疏果可以减少养分的无谓消耗和保持合理的负载量，树龄 6 年生以下亩产保持在 400～600 千克，7 年生以上亩产 800～1200 千克为宜，保证花芽分化数量和质量，提高优质果率。产量越高花芽分化越少，产量越高优质果率越少。

第三，花芽分化期温度不可以太低，应保持在 12～25℃ 之间。

第四，花芽分化期不可以施用超量的氮肥、赤霉素和细胞分裂素，更不可以超量灌水。

3. 枯枝死树问题

在升温前过早修剪引起流胶，高浓度的 PBO、多效唑和激素类药剂多年连续同生育期使用，或发生根腐病、根茎瘤，以及蛀干和地下害虫等，都是引起枯枝死树的主要原因。

防治措施很简单，首先改休眠期修剪为萌芽期修剪，不超标施用植物生长调节剂，及时防治病虫害。

4. 二次开花问题

二次开花也称倒开花，也就是在采收后陆续发生开花的现象（彩图57），严重的开花率达50%以上，造成下一年产量减少。

(1) 引起二次开花的原因 主要是叶片受害、采后修剪过重和树体无生长量的情况下高温干旱引起，此外还有涝灾的危害等。叶片受害有两个原因，一是撤膜期间防风锻炼的时间短，或撤膜过早过急。环境条件的急剧变化使树体和叶片发生晒伤，叶片边缘干枯坏死或叶表皮、叶肉坏死。二是病虫为害，致使叶片枯焦坏死、失绿及叶肉被啃食而提早落叶。另外采收后修剪会刺激花芽萌发，引起不同程度的二次开花，尤其是修剪量过大和短截结果枝条的二次开花现象严重。

(2) 防止采后开花的措施 采收前完成生长期的整形修剪工作，采收后尽量不修剪，如果树体上部徒长枝多或主干上萌发出多余徒长枝可少量疏除；采收后注意适时放风锻炼，适时除膜，防止叶片损伤；采收后进入露地管理期间，注意预防二斑叶螨和各种叶斑病的发生，及早发现及早防治；采收后加强花芽的保护管理，可叶面喷施壳聚糖类的有机营养肥；还要防止过于干旱提早落叶，浇水间隔时间不可以少于20天左右。

十、保护地生产中的灾害与防御

保护地生产虽然在保护设施条件下，但仍存在着自然灾害和人为灾害。自然灾害指风灾、涝灾、雪灾、温度骤变、病虫害、鸟害等；人为灾害指火灾、肥害、药害、冷水害、高温危害、有毒气体害、人身伤害等，这些灾害都是近几年保护地果树生产中屡屡发生的灾害，影响产量、效益的提高，对人身的安全危害极大，与其他栽培技术一样不容忽视。

1. 自然灾害

(1) 风灾 风灾常发生在保护地果实成熟期的3～5月份，春天的5～7级以上的大风，对生产的危害极大。尤其是春风较大、较频繁的地区，棚架结构为斜平面、弧度小的大棚，塑料膜固定不紧实的温室和大棚，还有覆盖抗风能力较差的聚氯乙烯棚膜的温室和大棚，易被风刮坏棚膜，使树体和幼果受害。栽培者为防止棚膜刮坏，连续几天采用放帘的办法来保护棚膜，致使树体和幼果得不到充足光照，或减少了光照的时间而延迟成熟，或造成叶片失绿而脱落。风害还包括夜间放帘后风大将草帘刮起，使棚内温度降低到了有碍树体生长发育的程度。

防御措施是在建筑棚架时一定采取拱圆、半拱圆式，拱架间距不能大于90

厘米。还要注意温室和大棚的高跨比，跨度大、高度小，棚膜不易压紧，光照强度不够。风大或多风地区应选择聚乙烯长寿塑料薄膜或聚烯烃膜。若选择聚氯乙烯塑料薄膜，应及时修补破洞。手卷帘的温室，夜间风大时应及时检查草帘，发现有离位的立即拉回压牢。

（2）涝灾　涝灾常发生在揭膜后的 7～9 月间，尤其易发生在土壤黏重、地势低洼的温室和大棚，进入雨季应时刻注意排水。

防御措施是采取台田式栽培，将树盘抬高 30～40 厘米；或在栽植行间和温室前底脚处挖排水沟，大棚结构的可在行间与四周挖排水沟，及时排涝。沙石板或土壤黏重地块，在建园前要挖通沟和客土改造。

（3）雪灾和冻害　雪灾常发生在降雪量达 200 毫米以上，以及建筑结构不科学、建筑质量不牢固和建筑材料质量差的温室和大棚，或没有及时打扫积雪的情况下压塌温室和大棚。冻害常发生在夜间没有放下保温覆盖物的情况下。

防御雪灾的措施是选用耐压、不易变形的管状钢材做骨架上弧，竹木结构的温室和大棚及跨度大的钢架大棚，要设置间距和角度合理的立柱。钢筋骨架无支柱温室的两侧山墙，在砌筑时墙内要设置"T"形和"＋"形钢筋预埋件，用来焊接拉筋。后墙顶部和前底脚要设混凝土横梁，横梁内设置固定骨架的"T"形和"＋"形钢筋预埋件。降雪量大时及时打扫棚面积雪。

温度低至极限时，及时放帘保温，或点热风炉、电暖气等加温。

（4）温度骤变　温度骤变常发生在初冬或新年期间，外界温度低于 -20℃，伴随阴天、降雪时，常使温室内温度低于 -2℃ 以下，易发生危害。温度骤变还包括久阴骤晴，或降雪无法揭帘达 2 天以上时，揭帘后遇到晴天，强烈的光照会对树体及叶片造成伤害。光照强、温度高，叶片水分蒸腾作用加快，根系吸水输水速度慢于蒸腾作用所散失的水分，叶片呈现萎蔫状态，如不及时采取措施，就会变成永久萎蔫。

虽然甜樱桃的萌芽、开花、结果需求的温度不是很高，但也不可太低。温度的调节需有专人耐心细致管理。遇到久阴骤晴时应在阳光强烈、温度高的中午前后暂时放帘遮阴，待日光不强烈时揭帘。

（5）病虫为害　易忽视的病虫为害常发生在花期至幼果期的卷叶虫和绿盲蝽为害，或透光通风不良、湿度大的情况下感染的花腐病和灰霉病等，或在揭膜后的露地期间，降雨次数多时发生的各种叶斑病，以及高温干旱时发生的二斑叶螨。卷叶虫发生时期为花期至幼果期，幼虫将叶片或花瓣粘在一起啃食花、叶和幼果。绿盲蝽吸食嫩叶、幼果汁液，造成叶片破洞。花腐病和灰霉病为害花、幼果和叶片，造成霉烂而落花落果，叶斑病和二斑叶螨为害叶片，造成叶片失绿枯焦而落叶，严重影响当年和下一年的产量。

因此，萌芽前必须喷施一次石硫合剂，或花前或花后喷一次杀菌剂防治病害，采收后随时观察叶斑病和二斑叶螨的发生情况，及时喷药防治。

（6）鸟害 鸟害发生在升温较晚的温室和塑料大棚中，特别是塑料大棚，因其果实成熟期较晚，一般在 4～5 月份，此时温度较高，需加大通风量，在开启通风装置时，鸟进入棚内啄食果实。

防御措施是在通风口设置防鸟网。

2. 人为灾害

（1）火灾 火灾可造成温室和大棚瞬间毁于一旦，火灾由人为点火或电焊作业不慎，或电源配置不合理，或电褥、电炉等取暖引起。电焊火灾常发生在覆盖后卷帘机出现故障而维修时；电源线接点或开关等处引起火灾，常因为栽培者不注意用电安全，缺乏用电的常识，或滥接电线，酿成火灾隐患；在作业房或看护房里用柴火烧炕或用电褥子、电炉取暖更易引起火灾，这些现象在保护地管理中常有发生，教训极其深刻。

杜绝人为点火只能由管理者加强夜间防范，也建议各级政府加强素质教育，共同维护和联防。电焊火灾的防御办法是在电焊前准备几桶水，并将焊点周围的草帘或棉被浇湿，焊后将焊接部位喷水降温，并由专人看管半小时左右。防御电源引起的火灾，要求栽培者在架线时一定在电工的指导下作业。电褥、电炉、电暖气等取暖设备引起的火灾，只要在人离开温室前，认真细致检查，关闭电源开关，杜绝这一类火灾不难做到。

（2）肥害 肥害来自土壤施肥和叶面喷肥两种。土壤施肥造成肥害有四种情况：一是肥料距根系太近，尤其是含有缩二脲的肥料；二是施肥过量；三是有机肥没经发酵；四是覆盖期间地面撒施没有覆土。前三种情况造成根系伤害，也就是常说的"烧根"现象，后一种情况是肥料随气温的升高而挥发，产生有害气体，对花、果、叶片造成为害。如地面撒施碳酸氢铵、尿素以及干、湿鸡粪和牛马粪等，在温度高时都会释放出氨气和二氧化氮（亚硝酸气体），抑制呼吸作用和光合作用。花芽和花蕾受害严重时，柱头和花药变褐失去生命力（彩图 58）；花朵受害时，花瓣边缘干枯，严重时柱头和花药变褐（彩图 59）；叶片受害严重时，叶片边缘呈现水渍状，严重时萎蔫脱落，果随之脱落。

叶面喷肥造成肥害有三种情况，一是稀释肥液时浓度计算错误，或不经称量采用"几瓶盖、几把"的"懒汉式"稀释方法；二是滥加增效剂；三是花期滥用坐果剂，幼果期滥用膨大剂、着色剂、早熟剂等，造成不同程度的落果或叶片伤害。

防止肥害的关键是有机肥必须经过发酵，不论是有机肥还是化肥，都必须挖沟施入，施入后与土拌合，并及时覆盖。生物菌肥也不例外，一定不要过量或不经搅拌施入，避免发生烧根。稀释叶面肥肥液时，一定要有称量用具，稀释量一定要准，不要在晴天的中午前后喷施。

（3）药害 药害常因浓度过量，不经称量或计算错误，或多种药混合发生化学反应，或加入增效助剂、烟雾剂而发生（彩图 60）。

防止药害的原则是对症施药、适量兑药。易发生化学反应的药剂要单独喷施，喷药时要将药液不断搅动，喷剩下的药液不要重复喷，也不要倒在树盘中。助剂如渗透剂、展着剂和增效剂等也不要随便加入药液中，目前有些农药在生产过程中已经加入展着剂或渗透剂，使用农药时一定阅读说明书，或在购药时问清楚使用方法。能用一种药剂防治的，就不要用两种或多种。有的果农认为使用一种药剂效果不够，将两三种药剂混配，其实现在许多农药本身就是复混而成，有时混用的几种农药都是同一种作用机理，混用如同加大剂量，将引起药害。

此外配制波尔多液时，硫酸铜溶解不彻底，易发生药害。还有波尔多液与石硫合剂或某些杀菌、杀虫剂交替喷施时，间隔时间太短也易发生药害。温室覆盖期间用药浓度应适当降低，并加大通风量。

（4）冷水害 冷水害发生在温室覆盖期间的树体展叶以后，用室外方塘水、河水（称为冷水）直接大水漫灌，使树体受害。因为冬季方塘水或河水的水温常在 0～2℃，温室内的土壤温度常在 15℃ 以上，用冷水灌溉，抑制了根系的正常生理活动，使其处于暂时停止吸收和疏导水分、养分的状态，地上部树体表现为叶片发生失水现象，叶片侧翻，轻者暂时停止生长几日，重则停长十几日才能恢复，虽然对树体没有太大的伤害，但延迟果实成熟期，直接影响经济效益。

因此温室覆盖期间灌溉用水最好是地下深井水，若用室外方塘、河水需引至温室贮存后灌溉，或用细长水管在温室内慢慢循环后灌溉，水温达 8℃ 以上时就不会出现冷水害。

（5）高温干燥为害 高温干燥为害常发生在花期晴天的中午前后，在强光下，温度超过 18℃，湿度低于 30%，对花器官生长发育和授粉不利。特别是温室的花期，往往正值春节期间，温湿度的管理易被忽视。

所以晴天时的上午 9 时至下午 2 时，管理者应做到人不离棚，及时通风和向地面洒水，调节温湿度。

（6）人身伤害 人身伤害常因电动卷帘引起，或在风雪大时到棚上调整发生摔伤，或在大棚失火时因救火而发生烧伤。电动卷帘伤害是在卷帘作业时，在卷帘机发生故障的情况下，管理者没有停止卷帘而靠近卷杆调整卷帘绳，将手或衣袖、衣襟或鞋等卷入卷杆中，甚至伤及人身，轻者伤及肋骨，重则死亡，这种伤害触目惊心，应引起高度警觉。

防止人身伤害的办法是提高警惕性，在卷放帘时注意力要集中，经济条件好的可以安装卷帘机遥控器，在卷帘绳出现故障时，及时停机。再则不论哪种开关方式，在出现故障时，都应立即停止卷放帘作业，方可靠近卷帘杆调整。为避免看护时发生摔伤、烧伤，宁可损失大棚，不可伤及身体或危害生命。

　　人身伤害还包括煤烟中毒等，这种伤害常发生在夜间看护房中，由于看护房小，保温性差，因此门窗封闭较严，空气流动性差，屋内取暖时有毒气体使人中毒。更有甚者将炕烧热后将烟筒盖严保温，没有燃透的煤或柴火产生有毒气体而使人体中毒。还有的农户将建棚废弃的竹竿头（没有干透的湿竹竿）和木炭，在夜间用在看护房中燃烧取暖，造成中毒，危及生命，这些灾害也都不容忽视。

第七章
整形修剪技术

　　甜樱桃属落叶乔木，树体高大，长势旺，干性强，层性明显，枝条多直立生长，树冠呈自然圆头形或开张半圆形，自然生长条件下树高常达 5 米以上，最高可达 20～30 米。但在人工整形的条件下，树高和冠径一般控制在 2.5～4.0 米。

　　对樱桃树进行整形修剪，是为了培养良好的树体骨架，调控树体生长与结果、衰老与更新之间的关系，调控树体生长与环境的关系，维持健壮的树势，以达到早结果、早丰产、连年丰产的栽培目的。

　　目前，在生产中栽培的甜樱桃品种中，多数品种的幼龄期树势偏旺，若任其自然生长，会出现枝条直立、竞争枝多、徒长枝多，梢头分枝多，使树形紊乱，进入结果期晚，甚至表现出 5 年生以上的树很少结果或不结果现象。若进入结果期以后放弃整形修剪，或整形修剪技术不到位，会导致主枝背上或主干上的徒长枝和竞争枝多，形成偏冠树、掐脖树等；或外围延长枝上翘，形成抱头树；或上部强旺，形成伞状树等，使下部光照不足而衰弱。出现这些状况后，会造成产量和果实品质的大幅度下降。

　　因此，对樱桃树进行整形修剪，是樱桃园综合管理中很重要的、很关键的一项技术措施，是在土、肥、水等综合管理的基础上，调控树体生长与结果的关系，使树体的营养生长与生殖生长保持平衡。

　　幼树期整形修剪是促进幼树迅速增加枝量，扩大树冠，枝条分布和层间距安排合理，以达到提早结果的目的；结果期整形修剪是促使结果树的枝量达到一定的范围，结果枝组配置合理，以达到连年丰产优质，而且树体不早衰、经济寿命长的目的。

第一节　整形修剪的概念与作用

一、整形修剪的概念

1. 整形

　　整形是根据樱桃树的生长规律，通过人为措施，将树体进行整理，培养成骨架合理、枝条分布均匀、光照与空间利用充分、便于施肥喷药等管理作业的树体结构。具体内容包括合理地安排骨干枝的数量、长短、密度、级次和分布位置与角度等，使树体的高度、冠径与栽植密度、生态环境相适应，使相邻两行、相邻两株之间有合理的间隔。

2. 修剪

修剪是在既定树形的基础上，通过人为措施，调整树体营养物质的制造、积累和分配，调整树冠内枝条间的相互关系，维持合理的枝叶量和生长势，避免枝条生长、花芽分化、果实发育之间的营养竞争，使树体强健而不旺盛，结果多而不早衰。

整形与修剪相辅相成，相伴而行，密不可分，因整形是通过修剪方法实现的，而修剪又是在既定树形的前提下进行的，故通常将二者统称为整形修剪。

二、整形修剪的作用

1. 调控适宜的枝量

自然生长的树，易形成直立枝条，重叠交叉而树冠郁闭，导致通风透光不良、产量低、品质差，所以丰产优质的树体需要通过整形修剪来调控。

枝量是产量形成的基础。枝量适宜，树体生长发育好，不仅可以丰产，而且果实品质也好。枝量过多，树冠郁闭，产量降低，果实品质下降，内膛和下部枝易枯死。枝量过少，虽然果实品质好，但产量低，也浪费有效空间。

因此，需要通过整形修剪来调控适宜的枝量。幼树期的管理重点是刻芽、短截、摘心等多种技术措施综合应用，促进分枝和枝梢生长，迅速增加枝量、扩大树冠，这是提高产量的基础。而对成龄树则要调控枝量达到适宜范围，重点是短截、摘心、回缩和疏枝等措施综合应用，保持适宜的枝量和分布范围。

2. 调控适宜的树势

甜樱桃树以中、短果枝以及花束状果枝结果为主，只有树势中庸健壮的树体，才能培养出较多的中、短结果枝和花束状结果枝来，才会达到丰产优质。

树势偏旺时，发育枝多，不易成花，幼树进入结果期晚；树势中庸健壮时，生长和发育趋于平衡，中、短结果枝和花束状结果枝多，不但产量高，而且果实品质也好；树势衰弱时，结果多，果个小，树体寿命短。

因此，进入结果期的树，既要继续扩大树冠，又要多结果，这就需要促控结合，使树体中庸健壮，不旺也不弱，尤其在花芽分化期，应控制大量的新梢旺长，要通过缓放、摘心、拿枝等技术措施，调控枝梢生长，使其"该停则停、该长则长"，促使花芽分化。

3. 调控充足的光照

甜樱桃和其他果树一样，其树体生长、花芽分化、果实发育，都需要有充足的光照条件，当树冠内的光照强度达到自然光照强度的 30％以上时，冠内的枝条才能正常成花、开花和结果，而低于 30％时，冠内的枝条是不能正常成花或结果的。

因此，需要通过整形修剪手段，使树体结构合理，来增强树冠内的光照强度。

经整形修剪的树，其树形结构、枝条布局合理，树冠内光照良好，无效区仅占 10％，地面光影多，其产量高，果实品质也好。

修剪技术不到位的树，枝条密挤或抱头生长，其树冠郁闭，冠内光照不良，无效区占 20％～30％，地面无光影，造成产量低，果实品质也差。

第二节　整形修剪的生物学基础

只有充分了解和掌握与甜樱桃整形修剪有关的生物学基础知识，方能正确实施整形修剪技术，不至于在整形修剪过程中出现偏差。

一、甜樱桃树体各部类型与相关特性

1. 芽的类型与特性

甜樱桃树的芽，按其性质主要分为叶芽和花芽两大类型，按其着生部位还可分为顶芽和侧芽两大类型。

芽是枝、叶、花的原始体，所有的枝、叶和花都是由芽发育而成的，所以芽是树体生长、结果以及更新复壮的重要器官。

（1）**叶芽**　萌芽后只抽生枝叶的芽称为叶芽。叶芽着生在枝条的顶端或侧面。叶芽是抽生枝条、扩大树冠的基础。叶芽较瘦长，多为圆锥形。叶芽按着生部位的不同，分为顶叶芽和侧叶芽。

顶叶芽着生在各类枝条的顶部，其形态特性有区别。发育枝的顶叶芽大而粗，顶部圆而平，其作用是抽生枝梢，形成新的侧芽和顶芽；长果枝的顶叶芽较圆，一般大于花芽，其作用是抽生结果枝、花芽、和叶芽；短果枝和花束状果枝上的顶叶芽较瘦小，多数小于花芽，其作用是展叶后形成花芽和新的顶芽。

顶叶芽以下的叶芽统称为侧叶芽或腋叶芽。发育枝上，除了顶叶芽之外，其

余的芽都为侧叶芽；混合枝、长果枝和中果枝的中上部的侧芽都是叶芽；在短果枝和花束状果枝上，一般很少有侧叶芽形成。

离顶芽越近的侧叶芽越饱满，离顶芽越远的侧叶芽的饱满程度越差。

叶芽具有早熟性。有的在形成当年即能萌发，使枝条在一年中有多次生长，特别是在幼旺树上，易抽生副梢，根据这个特性，可采取人工摘心措施，使之增加分枝、扩大树冠，利于形成花芽、提早结果。

叶芽还具有潜伏性。发育枝基部的极小的侧叶芽，由于发育质量差，较瘦瘦，在形成的当年或几年都不易萌发抽枝，而呈潜伏状态，被称为潜伏芽。潜伏芽寿命长，当营养条件改善，或受到刺激时即能萌发抽枝，这种特性为枝条更新、延长树体寿命的宝贵特性。

(2) 花芽 芽内含有花原基的芽称为花芽。樱桃的花芽除主要着生在花束状果枝、短果枝和中果枝上之外，混合枝和长果枝的基部的 5～8 个左右的芽，也是花芽。着生在混合枝、长果枝以及中果枝基部的花芽，也被称为腋花芽。

樱桃的花芽为纯花芽，花芽无论着生在哪个部位，其开花结果后，原处都不会再形成花芽和抽生新梢，呈现光秃状。在修剪时必须辨认清楚花芽和叶芽，剪截部位的剪口必须留在叶芽上。

2. 甜樱桃枝的类型与特性

甜樱桃的枝分为发育枝和结果枝两大类。

(1) 发育枝 仅具有叶芽的一年生枝条称为发育枝，也称营养枝或生长枝。发育枝萌芽以后抽枝展叶，是形成骨干枝、扩大树冠的基础。不同树龄和不同树势上的发育枝，抽生发育枝的能力不同。幼树和生长势旺盛的树，抽生发育枝的能力较强，进入盛果期和树势较弱的树，抽生发育枝的能力越来越小。

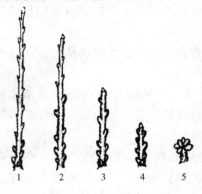

图 7-1　结果枝类型

1—混合枝；2—长果枝；3—中果枝；
4—短果枝；5—花束状果枝

(2) 结果枝 着生有花芽的枝条都称为结果枝。按其特性和枝条长短的不同可分为混合枝、长果枝、中果枝、短果枝和花束状果枝（图 7-1）。

长度在 20 厘米以上，顶芽及中上部的侧芽全部为叶芽，只有基部的几个侧芽为花芽的枝条，称为混合枝。这种枝条既能抽枝长叶，又能开花结果，是初、盛果期树扩大树冠、形成新果枝的主要果枝类型。混合枝上的花芽往往发育质量差，坐果率低。

长度在 15～20 厘米，顶芽及中上部的侧芽为叶芽，其余为花芽的枝条称为长果枝。这种枝条结果后下部光秃，只有中上部的芽继续抽生枝条，这种果枝在幼树和初结果树上较多，坐果率也较低。

长度在 10 厘米左右，顶芽及先端的几个侧芽为叶芽，其余的均为花芽的枝条称为中果枝，这种枝形成的数量不多，不是主要的结果枝类型。

长度在 5 厘米左右，除顶芽为叶芽外，其余均为花芽的枝条称为短果枝。这种果枝上的花芽发育质量较好，坐果率也高。

长度在 1～1.5 厘米，顶端居中间的芽为叶芽，其余为花芽的极短的枝称为花束状果枝。其年生长量极小，只有 1～1.5 厘米。这种枝上的花芽发育质量好，坐果率高，是可提高樱桃产量的最主要的结果枝。但是，这种果枝的顶芽一旦被破坏，就不会抽枝再形成花芽而枯死，这种枝又易被碰断，在整形修剪时，不但要促使多形成花束状果枝，更要注意保护它的顶芽不受伤害，更不能将其碰断。

（3）叶丛枝 按枝条种类划分，叶丛枝应该属于发育枝类，但此枝条在樱桃的各级骨干枝上形成很多，其发展成花束状果枝或短果枝的概率也大，而且在 2 年生枝条上抽生的数量较大，尤其是缓放枝条的后部，其叶丛枝形成的较多（图 7-2），因此，单列出来以在培养中引起重视。

图 7-2 叶丛枝
1—枝条基部的叶丛枝；2—叶丛枝的转化

叶丛枝是枝条中后部的叶芽萌发后，遇到营养供应不足时，停止生长所形成的。枝长度在 1 厘米左右，仅有一个顶芽的枝也称单芽枝。这种枝在营养条件改善时，可转化为花束状结果枝，如果营养条件不改善，则仍为叶丛枝。如果处在顶端优势的位置上，或受到刺激时，还会抽生发育枝。

3. 甜樱桃树体类型与特性

樱桃的树体类型，常分为乔化型和矮化型两种。乔化树耐轻剪缓放，适宜稀植栽培，但也可以通过整形修剪或化控等措施进行密植栽培。矮化树宜重剪，适宜密植栽培，更适宜温室和大棚栽植。矮化树轻剪缓放过重时，易成小老树，过早进入衰老期。

（1）乔化型树　乔化型的树是利用乔化砧木作基砧嫁接繁殖而成。乔化型甜樱桃树体高大，生长势旺，顶端优势强，干性强，层性明显，树高一般可达5～7米，冠径可达5～6米，进入结果期较晚，正常管理条件下，4～5年开始结果，7～8年才进入盛果期。乔化树对修剪反应敏感，剪后抽生的中长枝多，短枝少，但是轻剪缓放后，抽生的中短枝多，长枝少，易更新复壮。

（2）矮化型树　其基砧或中间砧是利用具有矮化特性的砧木嫁接繁殖而成，其树体矮小，生长势中庸，树高和冠径一般在3～5米，进入结果期较早，正常管理条件下，2～3年开始结果，4～5年进入盛果期。矮化树对修剪反应不太敏感，剪后中短枝多、长枝少。轻剪缓放的枝条越多，树体衰弱越快，如果整体上发生严重衰弱时，其更新复壮要比乔化树难得多。

4. 甜樱桃树冠与根系特性

通常条件下，地上部的枝叶生长和地下部的根系生长是处在相对平衡的状态，但是，如果对地上部的枝条修剪量过大时，其根部所吸收的水分和营养就会造成地上部的树势偏旺，如果地下部断根多，其吸收量就相对减少，会造成树势衰弱。据此，应适量修剪。而对于移栽树，由于断根多，就需要加大修剪量，对地上树冠采取疏、缩或短截等措施，使地上部的树冠和地下部的根系生长保持平衡状态。

5. 其他特性与整形修剪的关系

（1）芽的异质性　位于同一枝上不同位置的芽，由于发育过程中所处的环境条件不同和内部营养供应不同，造成芽质量有差异的特性，称为芽的异质性。

芽的质量对发出的枝条的生长势有很大的影响，芽的质量常用芽的饱满程度表示，即饱满芽、次饱满芽和瘪芽，在春、秋梢交界处还会出现盲节，修剪时可根据剪口芽的质量差异，增强或缓和枝势，达到调节枝梢生长势的目的。

（2）顶端优势　在一个枝条上，处于顶端位置的芽，其萌发力和成枝力均强于下部芽，且向下依次递减，这一现象称顶端优势。枝条越直立顶端优势越明显。

在整形修剪时，注意所留枝条处在的位置，调控枝条的生长，达到不同的整形修剪目的。例如，为了使树体生长转旺，可多留直立枝、背上枝，或剪口下留饱满芽剪截，或抬高弱枝的枝角来增强生长势；如果为了缓和树势，提早结果，可多留水平枝和下垂枝，或开张旺枝枝角来削弱其生长势，促发中短果枝形成。拉枝时还要注意不要将枝条拉成弓形，拉平部位也不要过高。

由于顶端优势的作用，一年生枝条的顶部均易抽生多个发育枝，形成三叉枝、五叉枝等，如果不是为了增加枝量，放任其生长，就会无谓消耗大量营养，抑制下部抽生果枝，因此，削弱顶端优势或利用顶端优势是整形修剪中不可忽视的。

（3）**萌芽力和成枝力** 发育枝上的芽能够萌发的能力称为萌芽力，发育枝上的芽能够抽生长枝的能力称为成枝力。萌芽力与成枝力的强弱，是确定不同整形修剪方法的重要依据之一。枝条上萌动的芽多，没萌动的芽少，称为萌芽力高，反之称为萌芽力低。枝条上抽生的长枝多，称为成枝力高，抽生的长枝少，称为成枝力低。萌芽力与成枝力是品种生长特性，是修剪技术的依据之一，萌芽力与成枝力的高低还与修剪强度有关。

修剪时要根据不同品种、不同枝条的萌芽力与成枝力高低不同的特性，确定修剪方法。对成枝力较强的品种和枝条，要多缓放、促控结合，促进花芽形成；对成枝力较弱的品种和枝条，要适量短截、促发长枝，增加枝量。

（4）**生长量与生长势** 生长量是指枝轴的粗细。枝轴粗，称生长量大，枝轴细，称生长量小。生长势是指当年生枝的长度。当年枝生长越长，生长势越强；生长越短，生长势越弱。一般生长势强时，生长量小（枝轴细），不易形成花芽，这是短截时剪留短的反应结果；生长势弱时，生长量大（枝轴粗），容易形成花芽，这是短截时剪留长的反应结果。

（5）**层性** 由于顶端优势的作用，新萌发的枝多集中于顶部，构成一年一层或两层向上生长，形成层次分布，上部萌生强枝，中下部萌生中、短枝，基部芽不萌发成潜伏芽，这种现象在多年生长后就形成了层性，在整形修剪中可利用层性人工培养分层的树形，或利用层性的强弱确定树形，延长枝剪留的越长，层间距越大，反之层间距越小。

（6）**枝角** 枝的角度对枝的生长影响很大，保持一定的角度不仅可以充分利用空间，而且可以使顶端优势和背上优势相互转化。角度小时，背上优势弱，顶端优势强；角度大时，顶端优势弱，背上优势强。枝角小，枝条易生长过旺，成花难，还易形成"夹皮枝"，夹皮枝在拉枝、撑枝、坠枝时容易从分枝点劈裂，或受伤引起流胶。

6. 栽培条件与整形修剪的关系

栽植密度小的果园，宜采用大冠型整形；栽植密度大的果园，宜采用小冠型整形。立地条件差的果园，其树体生长不会强旺，宜采用低干、小冠型整形，并注意复壮；相反宜采用中、大型树冠整形。

二、树体结构

樱桃树体由地下和地上两部分组成，地下部分统称为根系，地上部分统称为树冠。树冠中各种骨干枝和结果枝组在空间上分布排列的情况称为树体结构（图7-3）。

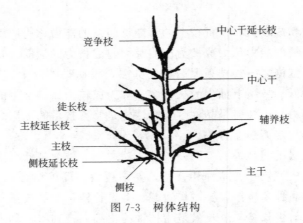

图 7-3　树体结构

（1）主干　从地面处的根茎以上到着生第一主枝处的部位称为主干，也称树干。这一段的长度称为干高。

（2）中心干　树干以上在树冠中心向上直立生长的枝干称为中心干，也称中心领导干。中心干的长短决定树冠的高低。

（3）主枝　着生在中心干上的大枝称为主枝，是树冠的主要骨架。主枝与中心干在大小上有互相制约的关系，中心干强大时，主枝细小，中心干弱小时主枝强大。

（4）侧枝　着生在主枝上的分枝称为侧枝，通常将距中心干最近的分枝称第一侧枝，以此向外称第二、第三侧枝等。

主干、中心干、主枝和侧枝构成树形骨架，被称为骨干枝。骨干枝是在树冠中起骨架负载作用的粗大定型枝。

（5）辅养枝　着生在主干、主枝间作为临时补充空间用的，并用来辅养树体、增加产量的枝称为辅养枝。

（6）延长枝　各级枝的带头枝称为延长枝。延长枝具有引导各级枝发展方相和稳定长势的作用。用不同部位的枝做延长枝，其角度反应不同，用背下枝做延长枝，其角度同于母枝，用背上枝做延长枝则角度直立。

（7）竞争枝和徒长枝　在剪口下的第二或第三芽萌发后，比第一芽长势旺、或长势与第一芽差不多的枝条，称为竞争枝。或以主枝与中心干的粗度比、侧枝与主枝的粗度比来衡量定性，主枝与中心干、侧枝与主枝的粗度比超过（0.5～0.6）∶1的枝，都称为竞争枝。竞争枝生长势强，常扰乱树形，需加以抑制或早期短截或疏除。

由潜伏芽萌发出的、长势强旺的枝条称为徒长枝，这类枝条多处在背上直立处，或枝干基部，或剪锯口处，这类枝条消耗营养多，利用价值低。

(8) 结果枝和结果枝组　着生在骨干枝上有花芽的单个枝条称为结果枝。着生在骨干枝上，由两个以上结果枝构成的枝组称为结果枝组，由此可见，结果枝组是由枝轴和若干个结果枝组成，是樱桃树的主要结果部位。在幼树期和初结果期，能够培养出较多的结果枝和结果枝组，使树冠丰满，为早结果、早丰产奠定基础。盛果期以后，管理好结果枝组不旺也不衰，是获得连年丰产的基础。

根据枝组的大小可分为大型结果枝组、中型结果枝组和小型结果枝组三种类型。分布范围在 50 厘米以上的枝组，为大型枝组。大型枝组成形慢，结果晚，寿命长。分布范围在 30 厘米以下的枝组，为小型枝组。小型枝组结果早，寿命短。分布范围在 30～50 厘米的枝组，为中型枝组。中型枝组的结果期和寿命居大型枝组和小型枝组之间。生产中应尽可能多培养中型结果枝组，并使各类枝组在主侧枝上均匀分布。

(9) 背上枝、背下枝和侧生枝　在主、侧枝上着生的发育枝和结果枝，按其着生部位还分为背上枝、背下枝和侧生枝。

着生在主、侧枝背上的枝称为背上枝；着生在主、侧枝背下的枝称为背下枝。背上枝一般较直立，生长势较旺，常发育成竞争枝和徒长枝，需经过摘心、拿枝等措施才能利用；背下枝长势弱、结果早，但寿命短，表现细弱后常被疏除。

着生在主、侧枝侧面的枝，称为侧生枝，因其角度倾斜，所以也称为斜生枝。侧生枝长势中庸，结果早，利用价值高。

第三节　整形修剪的时期与方法的应用

一、整形修剪的时期

樱桃整形修剪的时期分为生长期和休眠期两个时期，生长期整形修剪是指从萌芽至树体停长落叶前，最适宜的时间应该是在萌芽开始至夏末结束，过晚伤口易流胶，也影响伤口愈合完全，对促进花芽分化更是无效的。休眠期整形修剪是指从落叶后到萌芽前，最适宜的时间是在进入春季开始至萌芽，过早伤口易干枯，秋季和冬季修剪易发生冻害和抽条。

生长期的适时整形修剪，能及时消除新梢的无效生长，可以及时调整骨干枝的角度，增加分枝量，使树体早成形、早成花，还可以减轻休眠期修剪对树体的伤害，以及减轻休眠期修剪的压力。

二、整形修剪的主要方法与应用

1. 整形修剪的基本原则

（1）因树修剪，随枝做形 根据品种的生物学特性、树体不同发育时期及树势等具体情况，来确定应该采取的修剪方法和修剪程度。

（2）统筹兼顾，合理安排 根据栽植密度建造合理的树体骨架，做到"有形不死，无形不乱"，灵活掌握。对个别树体或枝条要灵活处理，建造一个丰产稳产的树体结构，做到主从分明，条理清楚，整形跟着结果走，既不影响早期产量，又要建造丰产树形，使整形与结果两不误。

（3）轻剪为主，轻重结合 根据具体情况修剪，以轻剪为主，轻中有重，重中有轻，轻重结合，达到长期壮树、高产优质的目的。

（4）开张角度，促进成花 本着疏直立留斜生、疏强旺留中庸，强旺枝缓放、细弱枝短截、加大主枝基角，生长季随时进行抹芽、摘心、拿枝等管理原则，消除竞争枝或多余无用枝，开张骨干枝的角度，促进花芽形成，使树体长势中庸，利于丰产稳产。

2. 整形修剪的主要措施

樱桃整形修剪的措施有拉枝、缓放、短截、疏枝、回缩、摘心、拿枝、刻芽和除萌等。其中拉枝、摘心、拿枝、剪梢和除萌等是生长期修剪的主要方法。缓放、短截、疏枝和回缩等是休眠期修剪的主要方法。

（1）拉枝 将枝拉成一定的角度或改变方位称拉枝。拉枝法主要用在直立枝、角度小的枝和长势较旺的、或下垂的主枝或侧枝上。拉枝的手段主要有绳拉、绳吊、开角器、木棍撑、石头坠等（图7-4）。

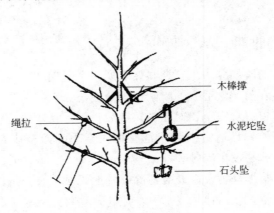

图 7-4　拉枝方法

拉枝前应先对被拉的枝进行拿枝，使枝软化后再拉枝，以防止折断。角度小的粗大枝在拉枝时易劈裂，所以在拉角度小、粗大枝时应在其基部的背下连锯3～5锯，伤口深达木质部的1/3～1/2处后再拉，角度过小的粗大枝可连锯8～10锯，拉枝时要将伤口合严实（图7-5）。

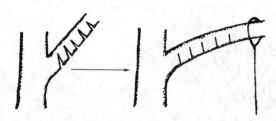

图 7-5　连锯法拉枝

拉枝的时期宜在萌芽期。萌芽前拉枝由于枝干较脆硬易拉断，粗大枝还易劈裂。生长后期拉枝，其受伤部位易发生流胶病或伤口干枯，在越冬时还易发生冻害。

对一年生枝条进行拉枝时，必须与刻芽、抹芽等措施相结合，方能抽生较多的中短枝条或形成花束状果枝，前后长势才能均衡。如果只拉枝不刻芽、不抹背上芽、不去顶芽，则背上直立枝多，斜生的中短枝少。

（2）缓放　对一年生枝条不进行剪截，或只剪除顶芽和顶部的几个轮生芽，任其自然生长的方法称为缓放，也称长放或甩放（图7-6）。

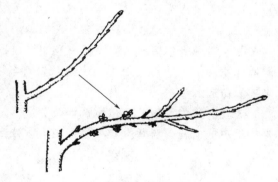

图 7-6　缓放

缓放能减缓新梢长势、增加短枝和花束状果枝的数量，有利于花芽的形成，是幼树和初结果期树常用的修剪方法。缓放枝条应与拉枝、刻芽、疏枝等措施结合应用，利于花芽形成和减少发育枝数量的效果才会显著。

（3）疏枝　将一年生枝从基部剪除，或将多年生枝从基部锯除称为疏枝。

疏枝主要用于疏除竞争枝、徒长枝、重叠枝、交叉枝、多余枝等（图7-7）。疏枝后利于改善冠内通风透光条件，平衡树势，减少养分消耗，促进后部枝组的长势和花芽发育。疏枝后造成的伤口能妨碍母枝营养上运，对伤口以上的枝芽生长有削弱作用，对伤口以下的枝芽生长有促进作用。但疏除的枝条较细，疏除部位上部枝条较粗时，不但不会削弱生长反而还会有促进作用。

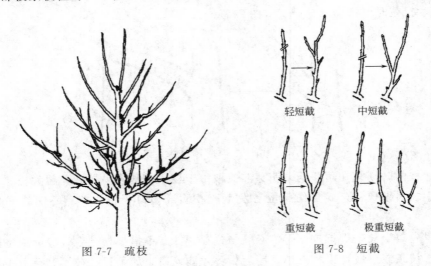

图 7-7　疏枝　　　　　　　　　　图 7-8　短截

(4) **短截**　将一年生枝条剪去一部分，留下一部分称为短截，也称剪截。

短截是樱桃整形修剪中应用最多的一种方法，根据短截的程度不同，可分为轻短截、中短截、重短截和极重短截四种（图 7-8）。

剪去枝条全长的 1/3 或 1/4 称为轻短截。轻短截有利于削弱枝条顶端优势，提高萌芽力，降低成枝力。轻短截后形成中短枝多，长枝少，易形成花芽。

剪去枝条全长的 1/2 左右称为中短截。中短截有利于维持顶端优势，中短截后形成中长枝多，但形成花芽少。幼树期对中心干延长枝和各主侧枝的延长枝，多采用中短截措施来扩大树冠。

剪去枝条全长的 2/3 左右称为重短截。重短截抽枝数量少，发枝能力强。在幼树期为平衡树势常用重短截措施，对背上枝尽量不用重短截措施。如果用重短截培养结果枝组，第二年要对重短截后发出的新梢进行回缩，培养成小型结果枝组。

剪去枝条的大部分，约剪去枝条全长的 3/4 或 4/5 左右，只留基部 4～6 个芽称为极重短截，常用于分枝角度小、直立生长的和竞争枝的剪截。极重短截后由于留下的芽大多是不饱满芽和瘪芽，抽生的枝长势弱，常常只发 1～2 个枝，有时也不发枝。

(5) **回缩**　将两年生以上的枝剪除或锯除一部分称为回缩（图 7-9）。回缩的反应与被回缩枝的长势、角度、缩剪口的留法有密切关系。被回缩的枝角度小，缩剪口下第一枝长势强，第二枝长势弱；被回缩的枝角度大，缩剪口下第一枝长势弱，第二枝长势强。缩剪口距剪口下的枝距离近，缩剪口下的第一枝长势弱，第二枝长势强；距离较远则第一枝长势强，第二枝长势弱。

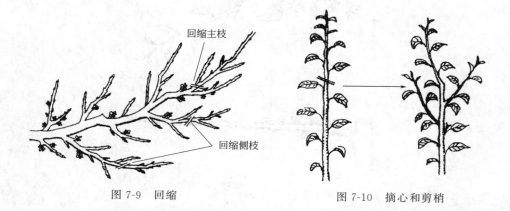

图 7-9　回缩　　　　　　　　　　　图 7-10　摘心和剪梢

回缩主要是对留下的枝有增强长势、更新复壮的作用，主要用于骨干枝在连续结果多年后长势衰弱需要复壮时，或下垂的衰弱结果枝组需要去除时；或过于冗长与行间、株间形成交叉的枝组，需要改善通风透光条件，也方便作业时。

(6) 摘心和剪梢　对当年生新梢，在木质化之前，用手摘除新梢先端部分称为摘心。木质化后用剪子剪除新梢先端部分称剪梢。摘心和剪梢是樱桃生长季节整形修剪作业中应用最多的方法之一。对幼树上的当年生延长枝的新梢摘心，目的是促发分枝，扩大树冠（图 7-10）。对结果树上的新梢摘心，能延缓枝条生长，提高坐果率和花芽分化率。摘心的轻重对发枝和成花的影响不同，轻摘心，包括连续轻摘心，只能促发一个枝，但能促使枝条基部形成花芽。重摘心发枝多，但形成的花芽少。

(7) 拿枝　用手对一年生枝从基部逐步捋至顶端，伤及木质部而不折断的方法称为拿枝。

拿枝的作用是缓和旺枝的长势，调整枝条方位和角度，又能促进成花，是生长期对直立的、长势较旺的枝条应用的一种方法（图 7-11）。拿枝后可结合使用开角器来稳固拿枝效果。

(8) 刻芽　刻芽也称目伤，即在芽的上方或下方用小刀或小锯条横划一道，深达木质部的方法。刻芽的作用是提高侧叶芽的萌发质量。

刻芽时间多在萌芽初，在芽顶变绿尚没萌发时进行。秋季和早春，芽没萌动之前不能刻伤，以免引起流胶。

在芽的上方刻伤，有促进芽萌发抽枝的作用。在芽的下方刻伤，有抑制芽萌发生长的作用（图 7-12）。刻芽作为促进和抑制芽生长的一项技术，主要用于枝条不易抽枝的部位，和拉枝后易萌发强旺枝的背上芽，以及不易萌发抽枝的两侧芽。

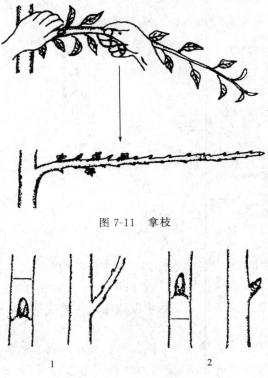

图 7-11 拿枝

图 7-12 刻芽

1—芽上刻伤促进萌芽生长；2—芽下刻伤抑制萌芽生长

(9) 抹芽 在生长期及时抹去无用的萌芽称为抹芽，也称除萌。

抹芽的作用是减少养分的无谓消耗，防止无效生长，集中营养用于有效生长。首先应抹除苗木定干后留作主枝以外的萌芽，以后每年生长期注意及时抹除主、侧枝背上萌发的直立生长的或向内生长的萌芽，或疏枝后在剪锯口处萌发的有碍于主要枝生长的萌芽，以及主干上萌发的无用萌芽。但在各级骨干枝后部（基部）的芽，萌发后其生长量极小，叶片大而多，常形成叶丛枝，注意不要抹除。

第四节　主要树形与整形修剪技术

一、主要树形的结构

生产中常用的树形有自然开心形、主干疏层形、改良主干形、细长纺锤形和篱壁形。

（1）自然开心形　自然开心形有主干，干高 30～50 厘米，无中心干，树高 2.5～3 米。全树有主枝 3～5 个，向四周均匀分布。每主枝上有侧枝 6～7 个，主枝在主干上呈 35°～45°角倾斜延伸，侧枝在主枝上呈 50°角延伸。在各主、侧枝上配备结果枝组，整个树冠呈圆形（图 7-13）。

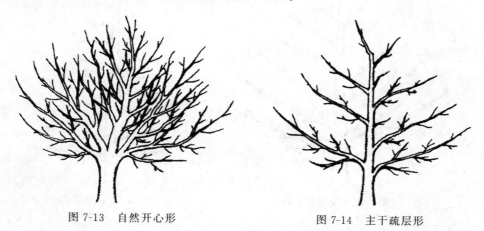

图 7-13　自然开心形　　　　　　　　　图 7-14　主干疏层形

自然开心形整形容易，修剪量轻，树冠开张，冠内光照好，适于稀植栽培，但此种树形在露地雨后遇大风易倒伏。

（2）主干疏层形　主干疏层形有主干和中心干。主干高 50～60 厘米，树高 2.5～3 米。全树有主枝 6～8 个，分 3～4 层，第一层有主枝 3～4 个，主枝角度约 60°～70°，每一主枝上着生 4～6 个侧枝。第二层有主枝 2～3 个，角度为 45°～50°，每一主枝上着生 2～3 个侧枝。层间距为 60～70 厘米。第三层和第四层，每层有主枝 1～2 个，主枝角度 30°～45°，每主枝上着生侧枝 1～2 个，层间距 45～50 厘米。在各主、侧枝上配备结果枝组（图 7-14）。

主干疏层形修剪量大，整形修剪技术要求高，成形慢，但进入结果期后，树势和结果部位比较稳定，坐果均匀，适于稀植栽培。

（3）改良主干形　改良主干形有主干和中心干，主干高 30～50 厘米，树高 2～3 米。在中心干上着生 15～18 个单轴延伸的主枝，可分层或不明显分层，主枝由下而上呈螺旋状分布。下部主枝间距为 10～15 厘米，向上依次加大到 15～20 厘米，主枝上无侧枝，直接着生结果枝和结果枝组（图 7-15）。

改良主干形树体结构简单，容易培养，冠内光照好，适于密植栽培。

（4）细长纺锤形　细长纺锤形与改良主干形相似，有主干和中心干，主干高 40～50 厘米，树高 2～3 米，冠径 1.5～2 米。在中心干上，均匀轮状着生长势相近、水平生长的 18～22 个小型主枝（也称侧生分枝），或第一层有三主枝。主枝上不留侧枝，单轴延伸，直接着生结果枝和结果枝组。下部主枝开张角度为

80°～90°，上部为 70°～80°。下部枝略长，上部枝略短，上小下大，全树修长，整个树冠呈细长纺锤形（图 7-16）。

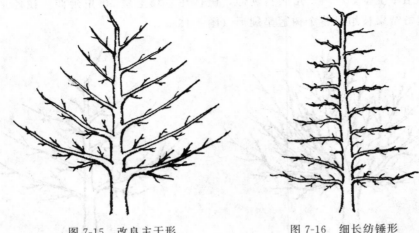

图 7-15　改良主干形　　　　　　　图 7-16　细长纺锤形

细长纺锤形树体结构简单，修剪量轻，枝条级次少，整形容易，成形和结果早，树冠通风透光好，适于密植栽培。

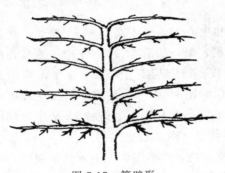

图 7-17　篱壁形

(5) 篱壁形　篱壁形树需要由立柱和铁丝支撑，将枝条绑在铁丝上，形成篱壁形。其树形和立架方式与葡萄的单臂立架相似，也有同葡萄的双臂篱架式。该树形有主干和中心干，主干高 40～50 厘米，树高 2～2.5 米，冠长 2～3 米，树篱宽 1～2 米。在中心干上着生 4～5 层水平生长的 8～10 个主枝，即每层两个主枝，顺行对生，在主枝上直接配备中、小型结果枝组。层间距为 30～40 厘米（图 7-17）。

篱壁形主枝角度开张，树冠通风透光好。由于顶端优势受到抑制，结果枝形成早，发育好，结果部位集中，采摘方便。

二、整形方法

樱桃树的整形时期关键在幼树期，培养出一定量的结果主枝、侧枝和结果枝组，搭好丰产优质的骨架，是整形修剪的最重要环节，这个环节的关键时期还应是以生长期为主，休眠期为辅。例如，预留的芽不萌发可在芽上刻伤；如果枝量不够，可将个别萌发较早较旺的枝进行重摘心使其促发 2～3 个分枝；如果中心干长势较强旺，可在 6 月底之前进行二次定干，再培养一层主枝；如果剪口下第二或第三芽长势较旺可进行早期摘心使其重新生长，如果枝量多可摘除。

1. 自然开心形

（1）第一年 选用高度在 80 厘米以上的健壮苗木栽植。栽后在距地面 50～60 厘米处定干，上部留 15～20 厘米作整形带，抹除整形带以下的叶芽。萌芽后在整形带内选留 3～5 个向外侧生长的、向四周分布均匀的、长势大致一致的分枝作主枝。当各主枝长至 50～60 厘米时，留外芽摘除先端三分之一，促发 2～3 个分枝，对各主枝选居中间的外侧枝作扩大树冠的延长枝，两侧斜生枝作侧枝，注意及时抹除内侧直立梢。

（2）第二年 萌芽初将各主枝拉枝开角至 30°～50°，各主枝的延长枝留 40～50 厘米短截，剪口芽留外芽。各侧枝留外芽剪除顶芽或成熟度不好的梢头，剪口芽也留外芽。生长期的夏季，当各主枝延长枝长至 60～70 厘米时，再次留外芽摘除先端三分之一左右，并对各侧枝轻摘心。

（3）第三年 萌芽初对各主侧枝延长枝留外芽短截，直立枝和徒长枝疏除。生长期当各主枝延长枝长至 50～70 厘米时，再次留外芽摘除先端三分之一左右，并对各侧枝轻摘心，促花芽形成。

经三年的培养，主侧枝基本成形，可停止短截和摘心，进行缓放，或轻短截。

2. 主干疏层形

（1）第一年 选用高度在 80 厘米以上的健壮苗木栽植，栽后在距地面 60～70 厘米处定干，保留 20 厘米的整形带，选择方位不同的 5～6 个饱满芽，其余抹除。生长期选择 4 个生长势大体一致的新梢作主枝，将位置最高的一个枝作中心干延长枝，其余主枝作第一层主枝培养，主枝在主干上方位分布均匀，夏末秋初将主枝拿枝（或牙签支）开角呈 60°～70°。

（2）第二年 萌芽初将中心干留 60～70 厘米短截，培养第二层或第三层主枝，并将第一层主枝留 50～60 厘米短截，剪口留外芽，还要注重对主枝上的侧芽进行芽前刻伤，促发侧枝形成，并将角度不好的主枝进行拉枝（绳拉或开角器撑）。生长期对第二层主枝进行拿枝开角，摘除梢头多余分枝，并对中心延长梢摘心促发分枝。对第一层主枝上的背上新梢进行重摘心，或摘除。

（3）第三年 萌芽初如果计划培养四层主枝，可对中心干留 50～60 厘米短截，培养第四层主枝，如果留三层主枝就可将中心干延长枝落头处理。各主枝延长枝继续留外芽短截，同时对主枝上的侧芽进行芽前刻伤，促发侧枝形成，并疏除直立枝和徒长枝等，对第二层主枝进行拉枝，同时将第一层主枝的拉枝绳前移。生长期间，对第三、四层主枝拿枝处理，注意抹除多余萌芽和摘除梢头多余分枝，长势过旺的主、侧枝可对其进行连续轻摘心，培养结果枝。经三年的培养基本可以达到标准的树形。

中心干如果长势较强旺，可在6月底之前进行短截定干，再培养一层主枝。

（4）第四年 主要短截、回缩侧枝，培养结果枝和结果枝组。

3. 改良主干形

（1）第一年 选用高度在80厘米以上的健壮苗木栽植，栽后在距地面50～60厘米处定干，留15～20厘米作整形带，在整形带内选择方位不同的5～6个饱满芽。萌芽后选择方位分布均匀、长势大致一致的4～5个新梢培养主枝，其余萌芽一律抹除。生长期选位置最高的直立新梢培养中心干，中心干延长枝长至50～60厘米时，留30～40厘米剪梢，促发3～4个分枝。中心干延长梢长势弱时则不剪梢，其他枝进行拿枝开角。

（2）第二年 萌芽初对上年培养的下部主枝进行拉枝不短截，只剪除梢头的几个轮生芽，疏除多余分枝，同时对主枝上的侧芽进行芽前刻伤，促发侧枝形成。中心干延长枝留30～40厘米短截。生长期注意剪除主枝上的直立新梢，和梢头多余分枝，并将上年培养的上部主枝拿枝开角，中心干延长枝继续摘心，促发分枝。

（3）第三年 萌芽初继续拉枝，主枝延长枝留外芽轻短截，疏除徒长枝和直立枝。中心干延长枝留30～40厘米短截。生长期的整形修剪同第二年生长期，主要抹除多余萌芽和摘除主枝背上直立新梢、徒长枝等。对主枝上的侧生分枝中度摘心，培养结果枝或结果枝组。

（4）第四年 修剪同第三年，主要疏除内膛徒长枝和直立枝，当株间无空间时，可停止短截主枝延长梢，稳定树势，培养结果枝和结果枝组。

4. 细长纺锤形

（1）第一年 选用高度在100厘米以上的健壮苗木栽植，栽后在距地面80～100厘米处定干，在上部留40～50厘米作整形带，在整形带内间隔8～10厘米留一轮状分布的饱满芽。萌芽后培养4～6个新梢，抹除多余萌芽。当中心干延长梢长至50～60厘米时留30～40厘米摘心，促发2～3个分枝，并对下部主枝拿枝开角。

（2）第二年 萌芽初对下部主枝进行拉枝，并对主枝上的侧生芽进行芽前刻伤，中心干延长梢留30～40厘米短截。疏除徒长枝，留外芽剪除各主枝的顶芽。生长期对上部主枝拿枝开角，疏除下部主枝上的梢头分枝，保留延长梢。摘除主枝和主干上的直立梢和徒长枝。中心干延长梢仍留 30~40 厘米摘心，促发分枝。

（3）**第三年** 萌芽初对上部主枝进行拿枝或拉枝，各主枝上的侧生芽进行芽前刻伤，中心干延长梢留 30~40 厘米短截。树高和各主枝都达到要求高度和长度时进行缓放，没达到时继续培养。下部留三主枝的，每主枝上还可保留 2~3 个侧枝。

（4）**第四年** 以后的修剪主要是对过于冗长的枝或下垂枝进行回缩。

5. 篱壁形

（1）**第一年** 选用 100 厘米以上的健壮苗木栽植，栽后在距地面 50~60 厘米处定干，留 15 厘米整形带，萌芽后选择 3 个长势大致相同的新梢，其余萌芽抹除。选择位于顶部中心的直立枝作为中心干延长枝，下部两个枝作为第一层主枝。生长期当中心干延长枝长至 60~70 厘米时，留 40~50 厘米摘心，促发分枝培养第二层主枝，并对第一层的两个主枝进行拿枝开角。

（2）**第二年** 萌芽初将下部的第一层和第二层主枝分别顺行绑在第一、二道铁丝上，并进行轻短截，对主枝背上的芽进行芽后刻伤或在萌芽后抹除，两侧芽在芽前刻伤，促发斜生的侧枝，培养结果枝或中小型结果枝组。中心干留 40~50 厘米短截，培养第三层主枝。生长期将第三层主枝分别绑在三道铁丝上，对第四层主枝拿枝开角，并注意对中心干延长梢摘心，培养第四层主枝。

（3）**第三年** 萌芽初将第四层主枝绑在第四道铁丝上，其他处理同第二年。经 3~4 年的培养成形，有 4~5 层主枝就不再留中心枝了。

采用双篱架栽培的，每层要选留四个主枝，如果不设篱架栽培，可以采用定位拉枝法，把主枝拉向顺行水平状，整形方法同有支柱形式。

三、结果枝组的类型、培养与修剪

结果枝组是樱桃树结果的主要部位，它的分布与配置直接影响到树冠内部的光照、产量和果实品质。在整好树形骨架的基础上，合理布局和管理好结果枝组，才能达到早结果、早丰产、连年丰产和优质的目的。

1. 结果枝组的类型

结果枝组按其大小、形态和着生部位可分为多种类型。按枝组的大小和长势可分为大、中、小三种类型；按其形态特征可分为紧凑和松散两种类型；按其着生部位可分为背上、背下和侧生三种类型。

（1）**按枝组的大小分类**

① 小型结果枝组 具有 2~5 个分枝，分布范围在 30 厘米以下的结果枝组称为小型结果枝组。该枝组生长势中庸或较弱，易形成花芽，是树冠内主要的结

果部位，但是易衰弱、寿命短，不易更新。衰弱后如果有空间时，可将其培养成中型结果枝组，无空间时可回缩复壮或逐年疏除。

② 中型结果枝组　由2～3个小枝组组成，具有6～10个分枝，分布范围在30～50厘米内的结果枝组称为中型结果枝组。该枝组生长势缓和，有效结果多，枝组内易于更新，寿命较长，有空间时可培养成大型结果枝组，无空间时可控制成小型结果枝组，是树冠内主要的结果部位。

③ 大型结果枝组　具有10个以上分枝，有时包含几个小型结果枝组，分布范围在50厘米以上的结果枝组称为大型结果枝组。该枝组生长势较强，其寿命长，便于枝组内更新，但是如果对其控制不当时，容易造成枝量过大，影响周围枝条生长结果。空间小时，可通过疏除分枝或回缩到弱分枝处，将其改造成中型结果枝组。

（2）按形状特征分类

① 紧凑型结果枝组　是通过对发育枝进行重短截后缓放、再回缩，或生长季对新梢重摘心后缓放、再回缩等措施，培养成的密集型结果枝组。也可先缓放，再回缩培养成的枝条密集的结果枝组。

② 松散型结果枝组　是通过对发育枝进行轻短截或只剪除梢头的芽后缓放，再轻短截缓放，而形成的单轴延伸较长的结果枝组。单轴上有2段以上形成花束状结果枝和短果枝，其花芽饱满、坐果率高，对发育枝缓放有利于缓和幼树生长势，及时转换枝类组成，是促进幼树提早结果的重要措施。

（3）按着生部位分类

① 背上结果枝组　着生在主枝背上部位的结果枝组，称为背上结果枝组。因着生在背上，其角度小而直立，极性强，生长势旺盛，易影响有效空间，所以骨干枝的背上不宜培养大型结果枝组。

② 背下结果枝组　着生在主、侧枝背下部位的结果枝组，称为背下结果枝组。因着生在背下，其角度大，生长势较弱，易形成花芽，但多年结果后或光照条件不好时易衰弱。

③ 侧生结果枝组　着生在主、侧枝两侧的结果枝组，称为侧生结果枝组，也称斜生结果枝组。因其斜向延伸生长，生长势缓和，容易形成花芽，是主要的结果枝组。

以上叙述的各类结果枝组，按其结构形态可归为两大类，即多轴式结果枝组和单轴式结果枝组。

2. 结果枝组的培养

从树体进入初结果期开始，就应该注重做好结果枝组的培养工作。结果枝组的多少，直接影响到产量的多少，因此，应适时采取不同手段培养结果枝组。

（1）单轴延伸式结果枝组　也称鞭杆式结果枝组，适于对长势缓、易衰弱的中庸侧生枝的培养，以延长其寿命。这种枝组主要是采用连续缓放，或连续轻短截培养而成。连续缓放的枝条应剪去顶端几个叶芽，对背上芽采取芽后刻伤或抹除，两侧芽采取芽前刻伤的措施。采用缓放或轻短截后，第一年剪口下能抽生1～2个中长枝，其余为短果枝或叶丛枝，生长期对中长枝摘除或第二年春季实行重短截或疏除，将先端疏剪成单轴后再缓放或轻短截，第二年即能形成短果枝和花束状果枝。连续多年后，过于冗长可回缩，衰弱时要短截。幼旺树上多培养这类枝组，可缓和树势，早结果（图7-18、图7-19）。

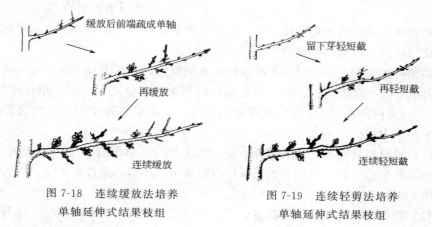

图 7-18　连续缓放法培养　　　　　图 7-19　连续轻剪法培养
单轴延伸式结果枝组　　　　　　　　单轴延伸式结果枝组

（2）多轴式结果枝组　多轴式结果枝组是通过先截后缩、或先放后缩等方法培养而成。

① 先截后缩法　适于对主枝背上直立枝的培养，以避免其变成竞争枝扰乱树形。第一年在生长期对其重摘心或在第二年春季重短截或极重短截，短截发枝后留3～4个分枝，第二年再将分枝采取去直留斜、去强旺留中庸后缓放，下年再将直立枝疏除，回缩到斜生枝处的措施，促其形成多轴式紧凑型结果枝组（图7-20）。

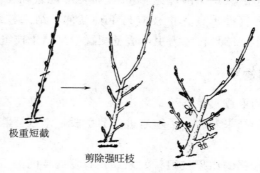

图 7-20　先截后放法培养多轴式结果枝组

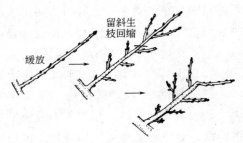

缓放　留斜生枝回缩

图 7-21　先放后缩法培养多轴式结果枝组

② 先放后缩法　适于对长势较强的侧生枝的培养。第一年缓放不剪，第二年回缩到斜生的中、短枝处，以后每年都注意回缩到中短枝处，多年结果后表现衰弱时可对中长枝进行中短截（图 7-21）。

3. 结果枝组的配置

结果枝组的配置合理与否，将直接影响到树体的通风透光条件、果品质量和产量，因此从初结果开始，就应该注重对结果枝组的培养和配置。

结果枝组的配置应根据其在树冠内的不同位置，和在主枝上的不同位置，以及主枝的不同角度等进行。分布在各部位的结果枝组应是大、中、小合理搭配，大枝组不超过 20%，以便充分利用有限空间，主要应该以中型的、并且是侧生的结果枝组为主。

（1）根据树冠的不同位置配置　树冠的上半部应以配置小型结果枝组为主，以中型结果枝组为辅，树冠的中下部应以配置中、小型结果枝组为主，以大型结果枝组为辅。

（2）根据主枝的不同位置配置　主枝的前部应配置小型结果枝组，而且枝组间距要大些。中后部应配置中、大型结果枝组，背上枝组要小而少些，两侧枝组要大而多些。

（3）根据主枝的角度和层间距配置　主枝的角度大、层间距大应配置中、大型结果枝组，而且数量要多，相反，角度小、层间距也小的应配置中、小型结果枝组，而且数量不宜过多。

（4）根据树形配置　自然开心形和主干疏层形，应以配置中、小型结果枝组为主，大型结果枝组的数量不应超过 20%，而且应配置在主枝的两侧。改良主干形、细长纺锤形和篱壁形，其主枝应是单轴延伸，结果枝组直接着生在主枝上，所以应以配置小型结果枝组为主，适量配置中型结果枝组。

4. 结果枝组的修剪

一个结果枝组的形成直至连续结果，是一个发展、维持和更新的过程，要使结果枝组维持较长的结果寿命，必须通过修剪手段，来维持其长久保持中庸不衰的生长势。

（1）对生长势较强的结果枝组　如果处在有发展空间的条件下，可以中短截延长枝，使其再扩枝延伸发展。无发展空间的，可以疏除中长枝，或在生长期对中长枝连续轻摘心，使其保持中庸状态存在于有限空间内。

（2）对生长势较弱的结果枝组　应注意短截延长枝，回缩下垂枝和细弱枝，本着去弱留强的原则修剪。

枝组生长势强弱的调整，主要是通过对枝组本身的修剪来调节，还可以通过枝组间的修剪来调节。例如，主枝背上枝组生长过强，往往是由于两侧的枝组分枝量少，或背上枝组对两侧枝组抑制过重造成，所以，必须在发展两侧枝组的前提下，再抑制背上枝组。出现这种情况，可对背上强旺结果枝组回缩。

四、结果期树的修剪

不论采用哪种树形栽培，经3～4年的整形培养，都可如期进入结果期，结果期树的修剪任务，主要是保持健壮的树势，多结果而不早衰，结果寿命长，连年获得丰产稳产。

1. 初结果期树的修剪

初结果期树的主要修剪任务是，继续完善树形的整理，增加枝量；重点培养结果枝组，平衡树势，为进入盛果期创造条件。

进入初结果期的树，营养生长开始向生殖生长转化，但树势仍偏旺，在树冠覆盖率没有达到75％左右时，仍需要短截延伸，扩大树冠，在扩冠的基础上稳定树势，利用好有限空间；对已达到树冠体积的树，要控势中庸，对枝条应以轻剪缓放为主，促进花芽分化，还应注意及时疏除徒长枝和竞争枝，保持各级骨干枝分布合理，保持中庸健壮的树势。

2. 盛果期树的修剪

进入盛果期的树，在树体高度、树冠大小基本达到整形的要求后，对骨干延长枝不要继续短截促枝，防止树冠过大，影响通风透光。盛果期还应注意及时疏除徒长枝和竞争枝，以免扰乱树形。

正常管理条件下，经过2～3年的初果期，即可进入盛果期。在进入盛果期后，随着树冠的扩大、枝叶量和产量的增加，树势由偏旺转向中庸，营养生长和生殖生长逐渐趋于平衡，花芽量逐年增加，此期的主要修剪任务是保持树势健壮，促使结果枝和结果枝组保持较强的结果能力，延长其经济寿命。

甜樱桃大量结果之后，随着树龄的增长，树势和结果枝组逐渐衰弱，特别是较细的中、短结果枝和花束状结果枝易衰弱，结果部位易外移，在修剪上应采取回缩更新促壮措施，维持树体长势中庸。骨干枝和结果枝组的缓放或回缩，主要看后部结果枝组和结果枝的长势以及结果能力，如果后部的结果枝组和结果枝长势良好，结果能力强，则可缓放或继续选留壮枝延伸；如果后部的结果枝组和结果枝长势弱，结果能力开始下降时，则应回缩。在缓放与回缩的运用上，一定要适度，做到"缓放不弱，回缩不旺"。

3. 衰老期树的修剪

甜樱桃一般在30～40年之后便进入衰老期，进入衰老期的树，树势明显衰弱，产量和果实品质也明显下降，这之前应有计划及时进行更新复壮。

修剪的主要任务是培养新的结果枝组，采取回缩的措施，回缩到生长势较粗壮的分枝处，并抬高枝头的角度，增强其生长势。对要更新的大枝，应分期分批进行，以免一次疏除大枝过多，削弱树冠的更新能力。同时结合采取去弱留强、去远留近、以新代老的措施，还要利用好潜伏芽，和对内膛的徒长枝重短截，促进多分枝，来培养新的主枝或结果枝以及结果枝组，达到更新复壮的目的。

4. 不同品种树的修剪

不同品种的甜樱桃，其整形修剪各具特点。枝条易直立、生长势强旺的品种，应适当轻剪缓放，不宜短截过重或连续短截；枝条易横生、长势不旺的品种，应以适当短截为主，不宜过早缓放或连续缓放。

以红灯、美早为代表的品种，枝条较直立，生长势较强，在修剪上应多采用轻剪缓放，少短截，加大主枝角度，来增加短果枝和花束状果枝的数量。

以佳红为代表的品种，枝条较横生，树姿较开张，生长势不强旺，在修剪上应适当短截，在短截的基础上进行缓放，还应注意下垂枝的回缩，防止树势衰弱和结果部位外移。

以拉宾斯为代表的短枝型品种，枝条生长量较小，易形成短果枝和花束状结果枝，树势容易衰弱，在修剪上应多短截，促进发枝，防止结果过多，造成树势衰弱。

5. 移栽树的修剪

樱桃园生产中，常遇到缺株补植，或密植间移问题，特别是温室和大棚甜樱桃栽培，更需要异地移栽结果大树，这就涉及对移栽大树如何正确实施修剪技术，才能保证成活率的问题。对移栽树除了减轻起树时对根系的伤害，和异地运输中保证根系不失水抽干，以及栽后适时勤浇水外，重要的就是进行适度修剪，保证树体缓势快、生长快。

移栽树的修剪原则是，伤根重则修剪重，伤根轻则修剪轻，树冠大的修剪重，树冠小的修剪轻，目的是保持树冠和根系生长的相对平衡。

修剪应在萌芽前进行，修剪后及时对伤口涂抹杀菌剂。

此外，如果在秋季移栽大树，还要注意在挖树前将没有脱落的叶片摘掉，以免引起抽条。

（1）移栽结果幼树的修剪　移栽结果幼树时，因树冠小而根系分布范围也小，起树时不容易断根很多，所以可以适当轻剪。首先中短截中心干延长枝，主枝延长枝留外芽或两侧芽轻短截，侧生分枝超过主枝长的1/3以上要进行回缩，主干和主枝上的竞争枝和徒长枝一律疏除。

（2）移栽结果大树的修剪　移栽结果大树，因树冠大而根系分布范围也大，起树时不容易保留完整的根系，断根很多，所以应当重剪。应着重回缩主枝和结果枝组，或中短截所有的主、侧枝的延长枝，注意留一斜生的分枝带头生长，还要疏除所有的竞争枝和徒长枝，所有的发育枝也应重短截或疏除，树冠过高还应落头。

第五节　整形修剪中存在的问题与处理

甜樱桃树的整形修剪难于其他果树的整形修剪，生产中存在的问题很多。整形修剪技术实施及时和到位的甜樱桃园，树形规范，树体透光通风，栽后4～5年就可以进入丰产期，而且果实品质好、果个也大。整形修剪技术很差的甜樱桃园，树形紊乱，树冠郁闭，5～7年生仍不结果，或很少结果，严重影响树体的生长发育和生产效益。因此，对在整形修剪中出现的各种问题应及时采取相应对策。

一、整形方面

1. 树形紊乱

树形紊乱的原因主要是不注重树形的合理布局，忽视树形对丰产优质的重要性，整形修剪技术不到位。尤其是不注重生长季的整形修剪，没有及时处理竞争枝、徒长枝和延长枝，形成双干树、双头主侧枝、多主枝密挤树、掐脖树等等；还有的冠内竞争枝、徒长枝多，形成树上长树，主从不分，干性弱；还有的前期拉枝，后期不拉，造成上部枝直立，下部枝抱头，形成抱头树；还有的先期按预定的树形结构整形，后期放弃整形，形成无形树、偏冠树等；还有些树出现把门侧枝、多主枝轮生和多侧枝轮生现象（图7-22～图7-29）。对以上情况，应从幼树期注意及时整形，避免发生。出现这些问题，应及时采取疏、缩、截、拉等措施进行改造处理。

2. 树冠过高、上强下弱

树冠过高主要是不落头造成的，主要发生在以主干形和细长纺锤形为主的树

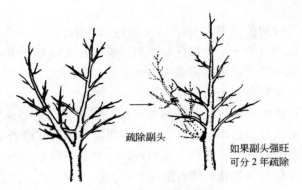

疏除副头

如果副头强旺
可分 2 年疏除

图 7-22　双干树的处理

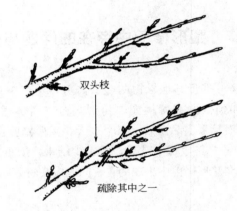

双头枝

疏除其中之一

图 7-23　双头枝的处理

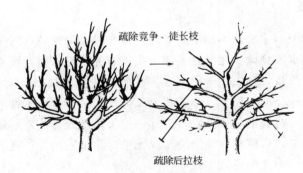

疏除竞争、徒长枝

疏除后拉枝

图 7-24　多枝树的处理

形上，几乎接近自然生长状态，树高超过 5 米以上，主枝数量多，层次多，超过
6 层以上，外围枝结的果多，内膛枝结的果少，下部枝短上部枝长，呈上强下弱
的伞状。这些现象多发生在树龄达 6～7 年生以后，对这样的树形，应采取缩、
疏、截等措施进行改造。首先是缩枝落头，其次是疏除多余主、侧枝和辅养枝，

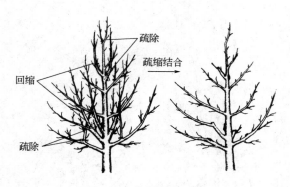

图 7-25 掐脖树的处理

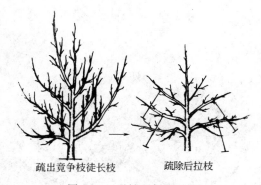

疏出竞争枝徒长枝　　　　疏除后拉枝

图 7-26 干性弱树的处理

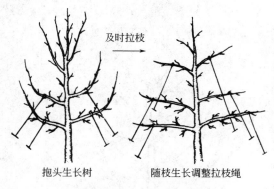

抱头生长树　　　　随枝生长调整拉枝绳

图 7-27 抱头树的处理

以及竞争枝等。回缩上部冗长枝，短截下部细弱枝使其复壮，使之形成上部枝短下部枝长的塔形状。对这样树形的改造要分 2～3 年进行（图 7-30）。

3. 树冠过低

树冠过低的原因主要是定干过低，定干低的原因往往是选用了细矮的弱质

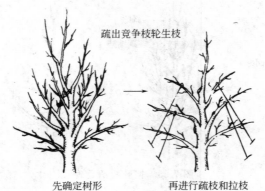

疏出竞争枝轮生枝

先确定树形　　　　　再进行疏枝和拉枝

图 7-28　无形树的处理

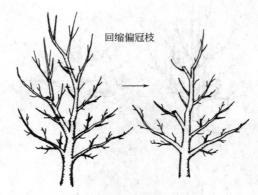

回缩偏冠枝

图 7-29　偏冠树的处理

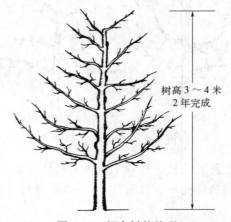

树高 3～4 米
2 年完成

图 7-30　超高树的处理

苗，不够定干高度；或因整形带内芽眼受损而利用了整形带以下的萌芽作主枝；或是幼树期主干上萌发出的徒长枝没有及时疏除，下年又舍不得疏除而留作主枝；或是因为第一层主枝下垂而没有撑起，或主枝上的侧枝下垂而不进行回缩，致使树体进入结果期以后，结果枝接近地面。主枝或侧枝接近地面，会造成泥水污染果实，叶片易感染叶斑病。

针对这些现象，首先应选用优质健壮的一级苗木栽植，栽植时不要碰掉整形带内的叶芽，栽后在整形带内选方位合适的饱满芽进行芽上刻伤，并注意防止象甲和金龟子等害虫为害芽眼和萌芽。生长期及时抹除主干上的多余萌芽和徒长枝。如果没有及时处理而形成低垂枝，可采取撑、缩、疏的办法抬高主、侧枝角度。

二、修剪方面

修剪方面存在问题比较多，需要重点规范。

1. 短截过重

短截过重的现象多发生在幼树至初结果期，往往是急于快速成形，对幼树各延长枝不管枝条长短逢头必截，还多采取中短截或重短截修剪方法，剪去枝长的1/2 或 2/3，导致满树旺枝、满树密生枝，造成树势过旺，进入结果期晚，尤其是对枝条有直立生长特性的品种，短截得越重越多，表现越明显，以致该结果时不结果或很少结果。避免这类现象发生的措施，主要是在树体达到一定枝量后，就不要再进行重短截，应适度中短截、轻短截或缓放。

2. 轻剪缓放过重

轻剪缓放过重也是多发生在幼树至初结果期，往往是急于提早结果，对延长枝长放不剪或轻剪，尤其是对枝条有直立生长特性的品种，不进行拉枝、不疏梢头枝、不进行相应部位的刻芽，结果是枝条直立，结果枝外围多、内膛少。还有的对枝条有横生特性的品种幼树，过早缓放和连续缓放，虽然结果早，但造成过早形成小老树。

短截过重和轻剪缓放过重问题，都是因为对修剪技术应用不正确引起，正确的修剪措施是适度短截延长枝，及时疏除竞争枝和徒长枝，缓放要与拉枝、刻芽相结合，达到扩冠、结果两不误。

3. 剪锯口距离、角度和方向不合理

（1）剪口　很多果农在修剪时不注意剪口离剪口芽的距离、角度和方向，剪后出现干橛，或削弱剪口芽生长势，或枝条直立、向上生长等现象。

剪口离剪口芽太远，芽上残留部分过长，伤口不易愈合而形成干橛；离得太近，伤及芽体，也易削弱剪口芽的长势；剪口太平，不利于伤口愈合；剪口削面太斜使伤口过大，更不利于伤口愈合。

正确的剪口是剪口稍有斜面，呈马蹄形，斜面上方略高于芽尖，斜面下方略高于芽基部。这样创面小，易愈合，有利于发芽抽枝。

剪口芽的方向，是根据所留剪口芽的目的不同而定，剪口芽的方向可以调节枝条的角度及枝条的生长势。中心干上的剪口芽应留在上年剪口枝的对面（俗称留里芽）。主、侧枝延长枝如果角度小，应留外芽，加大角度；相反，枝条角度大或下垂应留上芽，抬高枝角度（图 7-31）。

图 7-31　剪口角度和方向
1—倾斜 30°角；2—角度大留上芽；3—角度小留外芽

图 7-32　锯口角度

（2）锯口　很多果农至今还应用老式手锯，锯口呈毛茬状，粗糙不光滑，影响锯口愈合；有的不注意锯口角度，出现留桩太高或伤口太大；或锯成对口伤，或撕劈树皮及木质部，这些都直接影响伤口的愈合，对树体伤害较大。正确的锯法是，锯口要光滑平整，不得劈裂，上锯口紧贴母枝基部略有斜面，呈马蹄形（图 7-32），锯后涂抹杀菌剂或保水愈合剂。为了防止劈裂，可在被锯枝的基部背下先锯一道锯口，然后再从上向下倾斜锯除。手锯要更换成平刃锯。

4. 拉枝不规范

拉枝不规范包括拉成弓形，或拉平部位太高，或下拉上不拉，或将延长枝和竞争枝对拉，还有的枝条没够长就拉，或将拉枝绳系成死扣，造成枝干绞缢，或拉枝时间过晚或过早等现象（图 7-33～图 7-36）。

正确的拉枝首先是适时拉枝，时间是在萌芽后至新梢开始生长这段时间，枝条处于最软最易开角的阶段，也易定型。其次是适度拉枝，均匀拉枝，并随枝生长移动拉枝绳。拉枝绳要系成活扣以防止形成绞缢。拉枝、拿枝与刻芽相结合应用（图 7-37～图 7-40）。

图 7-33　拉枝不规范（一）

1—拉成弓形梢朝地；

2—拉平部位太高

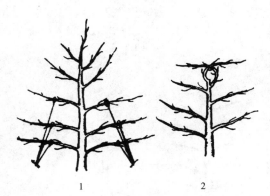

图 7-34　拉枝不规范（二）

1—只拉下部枝不拉上部枝；

2—将延长枝和竞争枝对拉

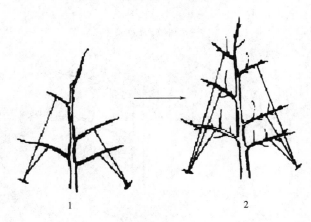

图 7-35　拉枝不规范（三）

1—枝条没够拉枝长度；

2—不延长生长，背上直立枝多

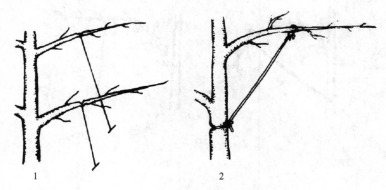

图 7-36　拉枝不规范（四）

1—死绳扣造成主枝绞溢；

2—主干绞溢

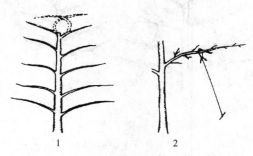

图 7-37　规范拉枝（一）

1—放开拉顺或短截；

2—活绳扣，要宽松

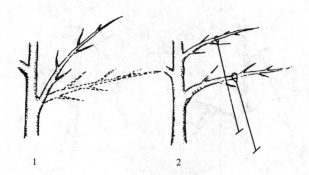

图 7-38　规范拉枝（二）

1—对角度小易劈裂的枝先拿枝；

2—拿枝或连锯后拉枝

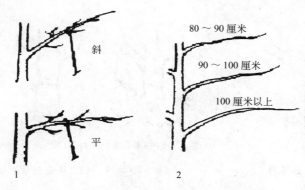

图 7-39　规范拉枝（三）

1—拉枝要求角度；

2—按要求长度，够长再拉

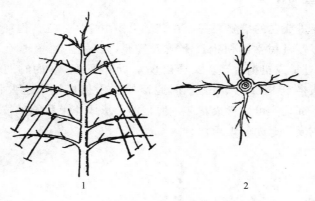

图 7-40　规范拉枝（四）

1—上下均匀拉枝；

2—枝条均匀分布四周

5. 环剥和刻伤过重

环剥和环割技术是促进成花和提高坐果率的一项重要措施，在其他果树上应用广泛，但在甜樱桃树上应用时，因其有流胶特性，环剥的时期、宽度以及深度不当，或剥后污损其韧皮部，或多处同时环剥，环剥后常会出现流胶或不愈合现象，严重的会发生死树或死枝现象（图 7-41），所以，甜樱桃树应用此项技术应特别小心，提倡慎用或尽量不用环剥技术。如果应用环剥技术，应对幼旺树用，应用时间也不可过晚，一般于 5 月下旬至 6 月上旬进行，遇干旱天时，要浇水后再剥，并用塑料薄膜或纸包裹（图 7-42）。无论环剥还是环割，都不要同时对主干和多个主枝应用，以免造成树势过弱或死树现象发生。

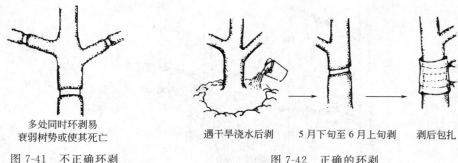

多处同时环剥易
衰弱树势或使其死亡

遇干旱浇水后剥　　5月下旬至6月上旬剥　　剥后包扎

图 7-41　不正确环剥　　　　　　　　图 7-42　正确的环剥

　　环剥和环割的刀口不能过深，以免伤及韧皮部和木质部，更不能污损形成层（韧皮部）。

6. 扭梢过重或过早

　　扭梢也是促进成花的措施之一，在其他果树中应用广泛，但在樱桃树上应用存在一定问题，樱桃树常因扭梢过重或天气原因，发生死梢现象，俗称"吊死鬼"；扭的时期过早或扭梢过轻，又会出现发新梢现象；扭的时期过晚，新梢已木质化，还会折断新梢（图 7-43）。因此樱桃应用扭梢技术也要慎重，尽量不扭，因在扭梢基部确实可以形成花芽，但是不会形成花束状结果枝，结果后会呈现光秃状，多数成为遮光的无用枝。

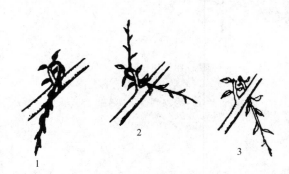

图 7-43　扭梢易出现的问题
1—扭梢过重扭死新梢；2—扭梢过早又发新梢；3—扭梢过晚易折断

7. 不刻芽或刻芽不规范

　　刻芽能促进叶芽萌发、抽生枝条或抑制芽萌发抽枝，是果树春季萌芽前修剪的一项重要措施。但是，刻芽是一项细致而且费工的技术，生产中很少有人能够做到位，有的只拉枝不刻芽，有的只缓放不刻芽，特别是大的果园更无精力和人力顾及此项技术，致使该发枝的部位没有发枝，形成较多的光秃带。有的果农也做了刻芽，但刻芽的反应混绕不清楚，不分部位一律在芽上刻伤或一律在芽下刻伤，或刻的距离太近或太远（图7-44）。刻芽技术如果真正做得及时、做得正确，会在预期部位抽生出角度和长势理想的枝条，使树冠丰满紧凑，生长势中庸健壮。

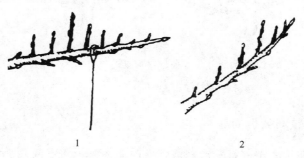

图 7-44　不刻芽反应

1—拉枝后不刻芽；

2—斜生枝不刻芽

8. 保护地樱桃采收后修剪过重

保护地樱桃的修剪问题与露地樱桃一样，所不同的是采收后的修剪程度。保护地樱桃的生长期较露地提前2～4个月，也就是说，树体提前2～4个月完成了营养生长和生殖生长，但是离落叶和休眠还差2～4个月，树体还需要继续处在生长季节里，这就使树体的上部易抽生大量的徒长枝和竞争枝。对这些在采收后形成的徒长枝或竞争枝，如果不进行修剪，则会影响冠内光照，修剪不当则会造成花芽不同程度的开放，如果一律疏除，或对结果枝短截过多或过重，则会造成花芽大量开放，以致造成下一年严重减产。

很多果农对保护地樱桃的修剪方法和露地一样，萌芽前修剪一次，等到果实采收后再修剪一次，经常导致采后开花，这种现象普遍存在。除了因叶斑病和二斑叶螨危害严重，造成落叶而导致采后开花之外，修剪不当也是造成采后开花的主要原因。

因此，对保护地樱桃的修剪，应重在花后至采收前，采收后的6～8月份，只要少量疏除树体上部多余的发育枝就可以了，一定要保留一部分发育枝，俗称留"跑水条"，留枝量以不影响下部光照为宜，留下的发育枝可在下年萌芽前疏除（图7-45）。对结果枝和结果枝组更要在采收前处理好，采收后尽量不剪或轻剪，防止采后开花。

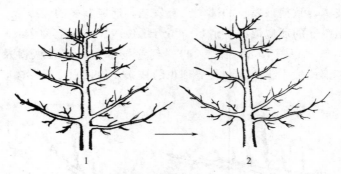

图 7-45 保护地樱桃树采收后修剪
1—疏除竞争枝；2—疏枝后拉枝

9. 流胶、枯枝和死橛问题

很多果农习惯于秋季进行一次修剪，此时树体生长缓慢或几乎停止生长，此时修剪常引起剪锯口流胶或伤口干枯难以愈合，流胶严重的还会导致枝条死亡。樱桃的整形修剪时间性很强，无论是露地还是保护地的修剪，都不应该在秋季树体生长缓慢或停止生长时进行。

第八章
病虫草害及营养缺乏防治

第一节　主要病虫害无公害防治

甜樱桃的病虫害较其他果树发生较少，栽培中要加强树体的综合管理，提高抗病虫能力，抑制病虫害的发生，加强预测预报工作，适时采取综合防治措施，做到及早发现及早治疗。优质无公害果品生产中的病虫害防治原则是，以农业防治和人工防治为基础，大力推广生物防治技术，适当采用化学防治，将病虫危害控制在不造成经济损失的水平。

一、综合防治原则

无公害果品生产中的病虫害防治要采用综合防治技术，主要包括以下几个方面。

1. 植物检疫

植物检疫是在调运种子、接穗和苗木时必须遵守植物检疫的各项规定，禁止携带美国白蛾、绵蚜等病虫。

2. 农业防治

农业防治是创造有利于果树生长发育的环境条件，使其生长健壮，提高抵御病虫害的能力；创造不利于病虫害发生和蔓延的条件，减轻或限制病虫为害。具体措施有：正确选择园址、土壤、品种和砧木，合理施肥和灌水、整形修剪，按时清理杂草、枯枝落叶（图 8-1），合理负载，适时采收等。

3. 生物防治

生物防治是利用生物技术来防治病虫害，不污染环境，对人畜、果品安全，

图 8-1　清扫果园

还能保持农业生态平衡。具体措施有：

以虫治虫，如利用害虫的天敌草青蛉防治蚜虫、叶螨和介壳虫；利用小黑瓢虫防治各种叶螨；利用黑缘红瓢虫、红点唇瓢虫防治介壳虫；利用赤眼蜂、小花蝽等防治蚜虫、叶螨、卷叶虫等（图 8-2）。

以菌防治虫，如利用苏云金杆菌、青虫菌等防治毛虫、食心虫、金龟子等。以菌治病，如利用链霉素、春雷菌素等防治穿孔病、溃疡病等。

以昆虫激素防治害虫，如利用性外激素或性诱激素等，使害虫发育畸形死亡或诱杀（图 8-3）。

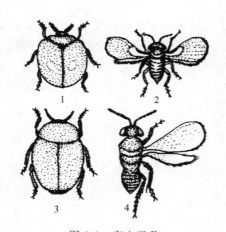

图 8-2　害虫天敌

1—红点唇瓢虫；2—赤眼蜂；3—方头甲；4—软蚧

图 8-3　性诱剂诱杀

以动物治虫，如利用蜘蛛、食虫鸟、蟾蜍、青蛙等捕捉各种害虫。

4. 物理防治

包括捕杀、诱杀、热处理等。捕杀包括人工捕杀和机械捕杀，如利用金龟子、象甲等害虫的假死性人工捕捉。诱杀是利用灯光诱杀各种金龟子和蛾类害虫（图 8-4），或在树干上束草、束瓦楞纸（图 8-5），或在田间插树枝诱杀各种蛾类害虫，利用色板诱杀蚜虫以及利用食饵诱杀蛾类害虫（图 8-6）。热处理是利用一定的热源，如日光、温水、原子能、紫外线等杀死病菌和害虫，此外地面覆塑料膜也是阻止害虫出土为害和病菌扩散的有效防治方法。

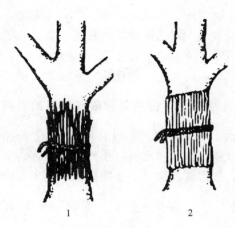

图 8-4　诱虫灯扑杀

图 8-5　人工扑杀

1—束草；2—束瓦楞纸

5. 化学防治

　　化学防治是用化学药剂如杀虫剂、
杀螨剂、杀菌剂和杀线虫剂等防治病虫
害，药剂防治见效快，但应注意选择生
物、植物和矿物性药剂，其次选择高效
低毒、低残留的无公害化学药剂。选择
和使用农药时要做到对病虫害诊断、识
别准确，详细阅读药品说明书，药量准
确，适时用药。

　　喷施允许使用的化学合成药剂，每
种每年最多使用 2 次，最后一次施药应
与采收期隔 20 天以上。

图 8-6　食饵诱杀

二、生产无公害果品禁止使用的农药品种

　　在无公害果品生产中，禁止使用剧毒、高毒、高残留、致癌、致畸、致突变
和具有慢性毒性的农药，2013 年农业部发布的禁止生产、销售和使用的农药有
三十余种。

1. 全面禁止生产、销售和使用的农药

　　六六六（HCH），滴滴涕（DDT），甲基对硫磷（甲基 1605），对硫磷
（1605、乙基对硫磷），久效磷，毒杀芬，二溴氯丙烷，杀虫脒，二溴乙烷

（EDB），除草醚，艾氏剂，狄氏剂，汞制剂，砷类，铅类，敌枯双，氟乙酰胺，甘氟，毒鼠强，氟乙酸钠，毒鼠硅（氯硅宁、硅灭鼠），甲胺磷（沙蟥隆、多灭磷、多灭灵、克蟥隆、脱麦隆），磷胺（杀灭虫），苯线磷，地冲硫磷，甲基硫环磷，磷化钙，磷化镁，磷化锌，硫线磷，蝇毒磷，治螟磷，特丁硫磷。

2. 在果树上不得使用和限制使用的农药

除以上禁止生产、销售和使用的 33 种药剂外，还有甲拌磷、甲基异柳磷、内吸磷、克百威、涕灭威、灭线磷、硫环磷、氯唑磷、氧乐果、三氯杀螨醇、氰戊菊酯、灭多威、硫丹、水胺硫磷等都不可以在果树上使用。

三、大力推广使用生物、植物、矿物和特异性农药

生物性、植物性、矿物性和特异性的农药，不但对人、畜毒性较低，而且在植物体内容易降解，无残留，对环境无污染，对天敌类的昆虫比较安全，是生产优质无公害果品的首选农药，应该在樱桃生产中大力推广使用。

1. 生物源农药

生物源药剂品种有农用链霉素、中生菌素、农抗 120、多抗霉素（多氧霉素、宝丽安）、浏阳霉素、苏云金杆菌、阿维菌素（齐螨素、虫螨克）、芽孢杆菌等。

2. 植物源农药

植物源农药品种有除虫菊素、苦参碱、鱼藤酮、绿保威（蔬果净）、烟碱、辣椒水等。

3. 无机或矿物性农药

无机或矿物性农药品种有石硫合剂、石硫矿物油、波尔多液、碱式硫酸铜、索利巴尔、柴油乳剂等。

4. 动物源与特异性农药

动物源与特异性农药品种有灭幼脲 3 号、蛾螨灵、抑太保（定虫隆）、除虫脲、杀铃脲、氟虫脲、抑食肼、噻嗪酮等。

四、喷药技术与农药残留的控制

1. 喷药技术与效果

樱桃园病虫害防治中的喷药技术，关系到防治效果，防治效果的好与坏，除

了与农药的对症选择相关外，还与喷药器械和喷药方法更为密切，没有好的喷药器械和喷药方法，虽然喷施了多次或多种农药，也不一定会收到理想的防治效果。此外还要抓住防治的关键时期，适期用药，在病虫害发生初期用药效果最好。

目前，喷药器械多以手动和机械动力为主，无论是手动还是机械动力的药械，关键是雾化要好，也就是说雾滴要细小，使药液能够在枝干和叶片上形成一层连续的、密布的药液膜，这样才能起到全部杀死病菌和害虫的作用。如果雾滴大，药液容易积聚成水珠而滴落，既达不到全面防治的效果，也造成药液的浪费。

喷药时要力求做到枝干和叶片均匀着药，尤其是叶背面要均匀着药，喷药时喷头不能离枝叶太近，距离在 50 厘米左右为宜，距离近时，雾滴大影响喷药效果。喷药时还应提高喷雾器压力和及时更换喷头上的喷片，喷片孔越小，雾滴越细小，效果越好。

2. 农药残留与控制

施用化学药剂防治病虫害，是目前乃至今后很长一段时间内需要使用的方法，喷施化学药剂后会在果实、土壤以及周围环境中或多或少残存微量的农药，或者有毒的代谢物质，这就构成了农药残留。农药的残留是不可避免的，因此在无公害果品生产中，就要通过一系列技术措施，控制和避免农药在果品和环境中的残留。如果正确选择分解快、无残留或低残留的农药，并正确施用农药，即便是有微量残毒，对人、畜也是无害的，但是，如果错误选择和施用，就会造成农药在果实及环境中的残留量过大，导致对人、畜健康产生不良影响，或通过食物链对生态系统中的生物造成毒害。控制和避免农药在果品和环境中的残留，要做到以下几点：

(1) 选用低毒、低残留农药品种　随着农药工业的发展，农药品种不断更新，一些高效、低毒、低残留的农药品种，防治效果明显优于老品种，如防治刺吸式口器害虫的吡虫啉，其有效成分用量只有氧化乐果的 1/40，防治叶螨的阿维菌素有效成分用量只有三氯杀螨醇的 1/56。

(2) 减少农药用量　农药用量过大表现在两个方面，一是用药次数多，二是用药剂量大。要想降低农药用量，一是要根据病虫害的发生规律，在防治关键时期喷药，不打保险药，减少农药的使用次数；二是严格按照农药产品标签的推荐用量使用，不可以随意加大剂量，以减少单位面积上的绝对用药量。

(3) 交替使用不同类型的农药　我国在无公害农产品生产中规定，允许使用的农药品种，原则上在一个生产季只使用一次，在选择农药时，除了用不同类型的农药轮换使用外（如拟除虫菊酯类、有机磷类、昆虫生长调节剂类等），还可以用同一类型中的不同品种交替使用，这样就可以做到一种农药在一个生长季节使用一次，而且不会造成农药残留超标。农药交替使用可以延缓病虫害对农药产生抗药性。

（4）采用多种施药方法 针对害虫的发生规律，可以采取枝干涂药，或在病虫害发生时点片实施局部喷药，减少全树喷药次数。

（5）提高农药利用率 改大容量喷雾淋浴法为小容量或低容量物化喷雾法，尽量不在风力较大的天气情况下喷药，提高农药利用率，降低污染和残留。

五、病害及其防治

甜樱桃园的病虫害的防治，首先要重视清园，清园也就是在树体萌芽前，彻底清扫果园，将树上和地面的枯枝落叶打扫干净深埋；其次是重视树体发芽前的施药，树体发芽前无叶片遮挡，易于杀死越冬病菌、虫卵或害虫，此期天敌数量少或尚未活动，有利于保护天敌，此期喷药还能节省农药和用工量，因此，在萌芽前必须喷一次杀菌杀卵剂（石硫合剂或石硫矿物油微乳剂），俗称清园剂或封闭剂；第三是合理整形修剪树体通风透光，防止病虫害的发生。

1. 樱桃叶斑病

叶斑病主要为害樱桃叶片。

（1）症状 发病初期形成针头大的紫色小斑点，以后扩大，有的相互接合形成圆形褐色病斑，上生黑色小粒点，最后病斑干燥收缩，周缘产生离层，常由此脱落成褐色穿孔，边缘不明显，多提早落叶（彩图61）。

（2）传播途径 病菌在被害叶片上越冬，第二年温湿度适宜时产生子囊和子囊孢子，借风雨或水滴传播侵染叶片。此病在7～8月份发病最重，可造成早期落叶，落叶严重的会导致树体在8～9月间形成开花现象，或冬季遭受严重的冻害。发病的轻重与树势强弱、降雨量的多少、管理水平等有关。树势弱，雨量多而频繁，地势低洼，排水不良，则发病重。保护地甜樱桃园还经常因为在撤棚膜期间，放风锻炼的时间不足而发病重。

（3）防治方法 加强综合管理，改善通风透光条件，增强树势，提高树体抗病能力。树体萌芽前彻底清除枯枝、落叶，剪除病枝，予以深埋，消灭越冬菌源。

发芽前喷一次5波美度石硫合剂，或30%石硫矿物油微乳剂500～600倍液。田间湿度大时喷25%戊唑醇可湿性粉剂1000～1500倍液，结合叶面喷施含有氨基酸和壳聚糖营养成分的有机肥2～4次。进入雨季时，还可喷施1:2:（200～240）石灰倍量式波尔多液，或80%碱式硫酸铜可湿性粉剂600～800倍液，可有效控制叶斑病的发生。

2. 樱桃灰霉病

该病主要为害幼果、叶片或成熟果实。

（1）症状 初侵染时病部水渍状，果实变褐色，后在病部表面密生灰色霉层，果实软腐，并在表面形成黑色小菌核（图8-7）。

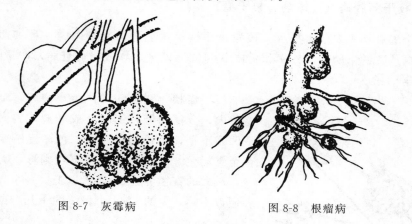

图 8-7　灰霉病　　　　　　　　　　图 8-8　根瘤病

（2）传播途径 病菌以菌核及分生孢子在病果上越冬，樱桃展叶后随水滴、雾滴和风雨传播侵染。

（3）防治方法 及时清除树上和地面的病叶病果，集中深埋。

发芽前喷一次 5 波美度石硫合剂，或 30%石硫矿物油微乳剂 500～600 倍液；落花后田间湿度大时，及时喷布 50%速克灵可湿性粉剂 2000 倍液，或 25%啶菌噁唑（菌思奇）乳油 1000 倍液，或 80%代森锰锌 700～800 倍液。结合喷杀菌剂加入氨基酸类营养剂。

3. 樱桃根瘤病

樱桃根瘤病，也称根癌病。该病主要发生在根颈、根系上及嫁接口处。

（1）症状 发病初期，病部形成灰白色瘤状物，表面粗糙，内部组织柔软，为白色。病瘤增大后，表皮枯死，变为褐色至暗褐色，内部组织坚硬，木质化，大小不等，大者直径 5～6 厘米，小者直径为 2～3 厘米。病树长势衰弱，产量降低（图8-8）。

（2）传播途径 病原细菌在病组织中越冬，大都存在于癌瘤表层，当癌瘤外层被分解以后，细菌被雨水或灌溉水冲下，进入土壤，通过各种伤口侵入寄主体内。传播媒介除水外，还有昆虫。土壤湿度大，通气性不良，有利于发病。土温在 18～22℃时最适合癌瘤的形成。中性和微碱性土壤、较黏性土壤发病轻，菜园地常发病重。此外，发病轻重还与砧木品种有关。

（3）**防治方法**　选用抗病力较好的兰丁、ZY-1、吉塞拉等作砧木。

选择中性或微酸性的沙壤土栽植，多施有机肥，提高土壤透气性。

选用无癌瘤的苗木栽植，栽植前用根癌宁（K84）生物农药30倍液蘸根5分钟，或用0.5～1波美度石硫合剂蘸根（蘸后立即栽植以免烧根）。

4. 枝干癌肿病（冠缨病、枝干瘤）

枝干癌肿病主要危害枝干。该病是甜樱桃树上近年来发生的一种细菌性病害，发病严重的果园，病株率和病枝率达90％以上，导致树势衰弱，产量降低，以致逐年枯死。

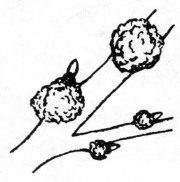

图8-9　枝干癌肿病

（1）**症状**　初期病部产生小突起，暗褐色略膨大，分泌树脂，逐渐形成肿瘤，表面粗糙成凹凸不平，木栓化很坚硬，色泽逐渐变成褐色至黑褐色。肿瘤近球形或不规则形，大小不一，最大的直径可达10厘米以上。一个枝条上肿瘤数不等，少的1～2个，多的十几个或更多（图8-9）。

（2）**传播途径**　病菌在枝干发病部位越冬，第二年春季病瘤表面溢出菌脓，通过风雨，或人为活动、或昆虫体表携带等方式进行传播。病菌从叶痕处和伤口处侵入，潜育期通常为20～30天。枝干上的老肿瘤一般在4月上旬开始增大，在7～8月增大最快，11月以后基本停止扩大。枝梢当年发生的新病瘤，一般在5月下旬开始出现，6～7月发生最多。该病在管理粗放、叶斑病严重而造成早期落叶的樱桃园发生严重。此外，冬季冻害、夏季高温灼伤，以及秋季大青叶蝉等害虫为害，致使枝干皮层受伤害时发生严重。在调查中还发现，以中国樱桃做砧木的较山樱桃做砧木的樱桃树上发生严重。

（3）**防治方法**　加强果园肥水管理，使树体健壮，提高树体抗病、抗寒能力。特别是要及时防治叶斑病和大青叶蝉等病虫害，防止病菌从叶痕处和伤口处侵染。剪除病枝，予以集中深埋或烧毁。

萌芽前及时喷布5波美度石硫合剂，或30％石硫矿物油微乳剂500～600倍液。在癌瘤中的病菌传播以前，用刀割除癌瘤，再涂以80％"402"抗菌剂50倍液。发病期喷施72％农用链霉素或90％新植霉素3000倍液。

5. 樱桃细菌性穿孔病

樱桃细菌性穿孔病主要为害叶片、新梢和果实。

（1）症状　叶片受害后，初呈半透明水渍状淡褐色小点，后扩大成圆形、多角形或不规则形病斑，直径为1~5毫米，紫褐色或黑褐色，周围有一淡黄色晕圈。湿度大时，病斑后面常溢出黄白色黏质状菌脓，病斑脱落后形成穿孔（图8-10）。

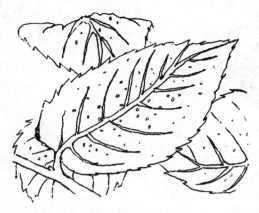

图8-10　细菌性穿孔病

（2）传播途径　病菌在落叶或枝梢上越冬。病原细菌借风雨及昆虫传播。一般园内湿度大、温度高和春、夏雨季或多雾时发病重，干旱时发病轻。通风透光差，排水不良，肥力不足，树势弱，或偏施氮肥，发病重。

（3）防治方法　加强综合管理，改善通风透光条件，增强树势，提高树体抗病能力。萌芽前彻底清除枯枝、落叶，剪除病枝，予以深埋或烧毁，消灭越冬菌源。

发芽前喷一次5波美度石硫合剂，或30%石硫矿物油微乳剂500~600倍液，或45%晶体石硫合剂30倍液；花后及时喷72%农用链霉素可湿性粉剂3000倍液，或90%新植霉素3000倍液；采果后如有发生可喷1∶1∶100硫酸锌石灰液，均有良好的防治效果。

6. 樱桃褐腐病

樱桃褐腐病，又称灰星病，是引起樱桃果实腐烂的重要病害。

（1）症状　主要为害花和果实。花的腐烂要到落花以后才发现，花器变成褐色、干枯，形成灰褐色粉状分生孢子块。果实发病时，幼果和成熟果症状不同。幼果发病时，在落花10天后，果面发生黑褐色斑点，后扩大为茶褐色病斑，不软腐。成熟果发病时，果面初现褐色小斑点，后迅速蔓延发展，引起整果软腐，树上病果成为僵果悬挂树上（图8-11）。

（2）传播途径　病菌以落地病果菌核及树上僵果越冬。翌年春季，从菌核生

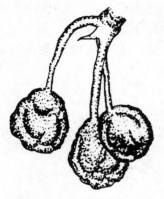

图 8-11　褐腐病

图 8-12　煤污病

出长约 10 厘米的碗形子囊盘，盘中产生大量的子囊孢子，随风雨、水滴或作业等途径传播。树上越冬僵果，在温度和湿度条件合适时，产生灰褐色的分生孢子。这些越冬菌源生出的子囊孢子和分生孢子，侵染花朵。地表湿润，有利于子囊盘形成，也利于僵果产生分生孢子，特别是灌水后遇连阴天、大雾天，易引起果实病害流行。栽植密度大及修剪不当、透光通风条件差发病重。

（3）防治方法　合理整形和修剪，改善通风透光条件，避免湿气滞留。

发病时喷 50％速克灵可湿性粉剂 2000 倍液，或 80％代森锰锌可湿性粉剂 800 倍液。

7. 煤污病

主要为害叶片，也为害枝条和果实。

（1）症状　叶面染病时，叶面初呈污褐色圆形或不规则形的霉点，后形成煤灰状物，严重时可布满叶、枝及果面，影响光合作用，造成提早落叶（图 8-12）。

（2）传播途径　以菌丝和分生孢子在病叶上或在土壤内及植物残体上越冬，分生孢子借风雨、水滴、蚜虫、介壳虫等传播蔓延。树冠郁闭，通风透光条件差、湿度大易发病。煤污病为保护地覆盖期间常发生的病害，露地栽植密度大的、透光通风不良的樱桃园也常发生此病。

（3）防治方法　改善通风透光条件，防止园内空气湿度过大。发病初期喷布 80％代森锰锌可湿性粉剂 800 倍液。

8. 樱桃流胶病

主要危害枝干。樱桃流胶病的病原目前尚不清楚，多数认为是生理病害。

（1）症状　患病树自春季开始，在枝干伤口处以及枝杈夹皮死组织处溢泌树胶。流胶后病部稍肿，皮层及木质部变褐腐朽，腐生其他杂菌，导致树势衰弱，严重时枝干枯死（图 8-13）。

（2）传播途径　樱桃流胶病的发生与树势强弱、冻害、涝害、栽植过深、土壤黏重、土壤盐碱严重、霜害、冰雹、病虫为害、施肥不当、修剪过重等有关。

树势过旺或偏弱，冻、涝害严重，土壤黏重通气不良，乙烯利、赤霉素等激素使用浓度过高等发病就重；反之，树体健壮，无冻害，土壤通气性好，降雨量适中，发病就轻或不发病。

（3）防治方法　选择透气性好、土质肥沃的沙壤土或壤土栽植樱桃树。要避免冻伤和日灼，彻底防治枝干害虫，增施有机肥料，防止旱、涝灾害，提高树体抗性，修剪时要减少大伤口，注重生长季修剪，避免秋、冬修剪，避免机械损伤。

图 8-13　樱桃流胶病

在流胶病发生期，喷 2％春雷霉素可湿性粉剂 200～400 倍液；对已发病的枝干，要及时彻底刮治，并用 30 倍液氨基酸或壳聚糖类有机液肥涂抹伤口，或用生石灰 10 份、石硫合剂 1 份、食盐 2 份和植物油 0.3 份加水调制成保护剂，涂抹伤口。

9. 花腐病

主要为害花，也为害幼果和叶片。

（1）症状　蕾和花朵染病时，花瓣及子房干枯，呈黄褐色，严重时花柄同时干枯，影响坐果。叶片染病时，在叶尖或叶缘或中脉附近，发生红褐色湿润状圆形斑点，很快扩展成不规则形红褐色病斑，潮湿时病部产生白色霉状物（彩图62）。

（2）传播途径　病菌在落于地面的花瓣和叶片上越冬，来年在树体萌芽前 10～15 天到开花前 3～5 天，土壤温度达 5℃以上，湿度达 30％以上时，菌核萌发形成子囊孢子，随空气流动浸入花蕾或花朵。低温寡照和多雨易发病，不清园发病重。

（3）防治方法　发芽前清园。花期低温寡照或多雨时，及时喷布 50％速克灵可湿性粉剂 2000 倍液，或 10％多抗霉素可湿性粉剂 1000～1500 倍液。

10. 立枯病

立枯病又称烂颈病、猝倒病，属苗期病害。主要为害樱桃砧木苗及多种果树砧木苗。

（1）症状　苗染病后，初期在茎基部产生椭圆形暗褐色病斑，病苗白天萎焉，夜间恢复。后期病部凹陷腐烂，绕茎一周，幼苗即倒伏死亡（图 8-14）。

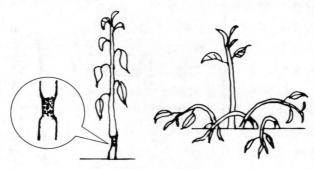

图 8-14　立枯病

（2）传播途径　病菌在土壤和病组织中越冬，从种子发芽到出现 4～5 片真叶期间均可感病，但以子叶期感病较重。幼苗出土后，遇阴雨天气，病菌迅速蔓延，蔬菜地和重茬地易发病。

（3）防治方法　育苗时应选用无病菌的新的地块，或经改良的沙壤土的地块作苗圃地，避免重茬。

播种时使用 0.05％炭疽福美药土防治，或 70％甲基托布津等做药土防治。每平方米用药 8～9 克兑土 1 千克。

幼苗发病前期喷药防治，可选用 70％土菌消（恶霉灵）可湿性粉剂 1000 倍液；或 50％福美双可湿性粉剂 500～750 倍液；或 70％甲基托布津可湿性粉剂 800 倍液喷雾，5～7 天喷一次，连喷 2～3 次。

11. 樱桃皱叶病

（1）症状　属类病毒病，感病植株叶片形状不规则，往往过度伸长、变狭，叶缘深裂，叶脉排列不规则，叶片皱缩，常常有淡绿与绿色相间的不均衡颜色，叶片薄、无光泽、叶脉凹陷，叶脉间有时过度生长。皱缩的叶片有时整个树冠都有，有时只在个别枝上出现。明显抑制树体生长，树冠发育不均衡。花畸形，产量明显下降（图 8-15）。

（2）传播途径　通过嫁接、授粉或昆虫染病。病毒病是影响甜樱桃产量、品质和寿命的一类重要病害。

（3）防治方法　对于病毒病和类菌原体病害的防治，应由育苗单位采用热处理或茎尖脱毒方法来繁育脱毒苗。

对于已发病的树目前尚无有效的方法和药剂，根据此类病害的侵染发病特点，在防治上应抓好以下几个环节：一是隔离病原和中间寄主。一旦发现和经检测确认的病树，实行标记单独修剪管理的方法，若栽植数量少或处在幼树期应及

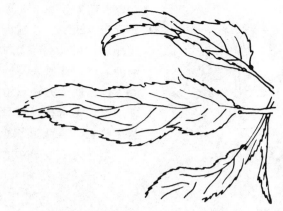

图 8-15　皱叶病

时予以铲除。二是绝对避免用染毒的砧木和接穗来嫁接繁育苗木，防止嫁接传播病毒。因此，繁育甜樱桃苗木时，应建立隔离的无病毒根砧圃、采穗圃和繁殖圃，以保证繁育的材料不带病毒。三是不要用带病毒树上的花粉授粉，因为甜樱桃有些病毒是通过花粉来传播的。四是防治好传毒昆虫。这些昆虫包括叶螨、叶蝉等，有些线虫如长针线虫、剑线虫等也可传播病毒。总之，防治的关键是消灭毒源，切断传播路线。

对已有皱叶病的树，在花期喷施含有花粉蛋白素的营养剂有助于提高坐果率。

六、虫害及其防治

1. 二斑叶螨

二斑叶螨，又名二点叶螨、白蜘蛛等，是20世纪80年代中期从国外传入我国的新害螨，主要为害樱桃、桃、李、杏、苹果等多种果树和农作物，寄主广泛。

（1）形态特征　雌成螨为椭圆形，长约0.5毫米，灰白色，体背两侧各有一个褐色斑块。若螨体椭圆形，黄绿色，体背显现褐斑，有4对足。

（2）为害状　二斑叶螨以成螨和若螨刺吸嫩芽、叶片汁液，喜群集叶背主叶脉附近，并吐丝结网于网下为害，被害叶片出现失绿斑点，严重时叶片灰黄脱落（图8-16）。

（3）发生规律　一年发生8～10代，世代重叠现象明显。以雌成螨在土缝、枯枝、翘皮、落叶中或杂草宿根、叶腋间越冬。当日平均气温达10℃时开始出蛰，温度达20℃以上时，繁殖速度加快，达27℃以上时，干旱少雨条件下发生为害猖獗。二斑叶螨为害期是在采果前后，8月份发生为害严重。从卵到成螨的

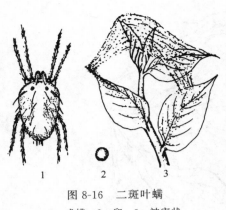

图 8-16　二斑叶螨
1—成螨；2—卵；3—被害状

发育，历期仅为 7.5 天。成螨产卵于叶片背面。幼螨、若螨孵化后即可刺吸叶片汁液，虫口密度大时，成螨有吐丝结网的习性，成螨在丝网上爬行。

（4）防治方法　清除枯枝落叶和深埋杂草，结合秋春树盘松土和灌溉消灭越冬雌虫，压低越冬基数。

落花后在害螨发生期用 1.8% 齐螨素（虫螨克）乳油 4000 倍液，或 15% 辛·阿维乳油 1000 倍液，或 5% 甲氨基阿维菌素苯甲酸盐 4000 倍液防治。无论是哪种药剂，都必须将药液均匀喷到叶背、叶面及枝干上。发生严重时，可连续防治 2～3 次。

2. 山楂叶螨

山楂叶螨，又称山楂红蜘蛛、红蜘蛛等。主要为害桃、樱桃、苹果等多种果树。

（1）形态特征　雌成螨有冬、夏型之分。冬型长 0.4～0.5 毫米，朱红色，有光泽。夏型体长 0.7 毫米，暗红色，体背两侧各有一暗褐色斑纹。雄成螨体长 0.4 毫米，体背两侧有黑绿色斑纹。卵圆球形，0.16～0.17 毫米。初产时橙红色，后变为橙黄色。

（2）为害状　山楂叶螨以成螨、幼螨、若螨吸食芽、叶的汁液。被害叶初期出现灰白色失绿斑点，逐渐变成褐色，严重时叶片焦枯，提早脱落。越冬基数过大时，刚萌动的嫩芽被害后，流出红棕色汁液，该芽生长不良，甚至枯死（图 8-17）。

（3）发生规律　一年发生 6～9 代，以受精的雌成螨在枝干老翘皮下及根颈下土缝中越冬。樱桃花芽膨大期开始出蛰，至花序伸出期达出蛰盛期，初花至盛花期是产卵盛期。落花后一周左右为第一代卵孵化盛期。第二代以后发生世代重叠现象。果实采收后至 8～9 月份是全年为害最严重时期。至 9 月中、下旬出现越冬型雌成螨。不久潜伏越冬。山楂叶螨常以小群栖息在叶背为害，以中脉两侧近叶柄处最多。成螨有吐丝结网习性，卵产在丝上。卵期在春季为 10 天左右，夏季为 5 天左右。干旱年发生重。

（4）防治方法　樱桃发芽前，刮掉树上翘皮，带出园外深埋。

花序伸出期喷布 24% 螨威多悬浮剂 4000～5000 倍液。落花后，每隔 5 天左右进行一次螨情调查，平均每叶有成螨 1～2 头及时喷药防治，可选用 5% 甲氨

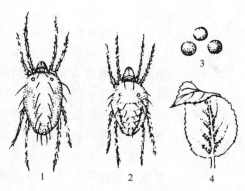

图 8-17　山楂叶螨
1—雌螨；2—雄螨；3—卵；4—被害状

基阿维菌素苯甲酸盐 4000 倍液，或 5％霸螨灵悬浮剂 1000～1500 倍液防治。

3. 桑白蚧

桑白蚧，又名桑盾蚧、树虱子。主要为害樱桃、桃、杏等核果类果树。

（1）形态特征　雌成虫介壳灰白色，扁圆形，直径约 2 毫米，背隆起，壳点黄褐色，位于介壳中央偏侧。壳下虫体枯黄色，扁椭圆形无翅。雄成虫介壳细长约 1 毫米，灰白色，羽化后虫体枯黄色，有翅可飞，眼黑色。卵椭圆形、橘红色，长径约 0.3 毫米。若虫初孵时体扁卵圆形，长约 0.3 毫米，浅黄褐色，能爬行。脱皮后的 2 龄若虫，开始分泌介壳。雄虫脱皮时其壳似白粉层。

（2）为害状　桑白蚧以雌成虫和若虫群集固定在枝条和树干上吸食汁液为害，叶片和果实上发生较少。枝条和树干被害后树势衰弱，严重时枝条干枯死亡，一旦发生而又不采用有效措施防治，则会在 3～5 年内造成全园被毁（图 8-18）。

（3）发生规律　一年发生 2～3 代，以受精雌成虫在枝条上越冬，第二年树体萌动后开始吸食为害，虫体迅速膨大，并产卵于介壳下，每头雌成虫可产卵百余粒。初孵化的若虫在雌介壳下停留数小时后逐渐爬出，分散活动 1～2 天后即固定在枝条上为害。约经 5～7 天开始分泌出绵状白色蜡粉，覆盖整个体表，随即脱皮继续吸食，并分泌蜡质形成介壳。温室内第一代卵 3 月下旬开始孵化，第二代卵孵化期在 6 月上旬，第三代卵孵化期在 7 月中旬。

（4）防治方法　发芽前喷 5 波美度石硫合剂，或 30％石硫矿物油微乳剂 500～600 倍液。结合修剪，剪除有虫枝条，或用硬毛刷刷除越冬成虫。采收后喷布 1～2 次 25％噻嗪酮 1000～1200 倍液防治。

4. 卷叶蛾

又称卷叶虫，其种类有苹小卷叶蛾和褐卷叶蛾等。主要为害樱桃花、叶和果实。

(1) 形态特征 苹小卷叶蛾成虫体长 6～8 毫米，体色棕黄色或黄褐色。前翅基部褐色，中部有一褐色宽横带。卵椭圆形，长径 0.7 毫米，淡黄色半透明，数十粒卵排列成鱼鳞状的卵块。幼虫体长 13～18 毫米，头较小，淡黄绿色，胸腹部绿色。蛹 9～11 毫米，黄褐色。

褐卷叶蛾成虫体长 8～11 毫米，体及前翅褐色，后翅灰褐色；卵扁椭圆形，长径 0.9 毫米，淡黄绿色，数十粒卵排列成鱼鳞状的卵块。幼虫体长 18～22 毫米，体绿色。蛹 9～11 毫米，头、胸部背面深褐色，腹面稍带绿色。

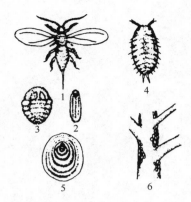

图 8-18　桑白介壳虫

1—雄成虫；2—雄介壳；3—雌成虫腹面；
4—若虫；5—雌介壳；6—被害状

(2) 为害状 苹小卷叶蛾和褐卷叶蛾以幼虫出蛰后食害嫩芽，吐丝缀连嫩叶和花蕾为害，使叶片和花蕾成缺刻状。幼果期幼虫尚可啃食果皮和果肉。小幼虫为害使果面呈小坑洼状，幼虫稍大后为害果面呈片状的凹陷大伤疤（图 8-19、图 8-20）。

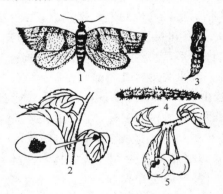

图 8-19　苹小卷叶蛾

1—成虫；2—卵块；3—蛹；
4—幼虫；5—被害状

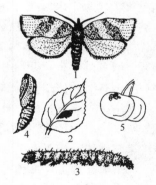

图 8-20　褐卷叶蛾

1—成虫；2—卵块；3—幼虫；
4—蛹；5—被害状

(3) 发生规律 一年发生 2～3 代。以小幼虫在翘皮缝，剪锯口等缝隙中结白色虫茧越冬。花芽开绽时，幼虫开始出蛰，幼虫为害嫩芽、嫩叶及花蕾。展叶后缀连叶片为害并在两叶重叠处或卷叶中化蛹。卵产于叶片背面。卵期 6～7 天。初孵化幼虫数头至十余头在叶背中脉附近啃食叶肉。发育至 3 龄后，部分幼虫爬至两果之间、果叶相接处或梗洼中啃食果肉及果皮。9 月中、下旬幼虫陆续作茧越冬。成虫有趋光性和趋化性，对果汁液、糖醋液及酒糟水均有较强的趋性。幼虫受触动立即吐丝下垂。

（4）防治方法 发芽前，彻底刮掉树上翘皮（包括潜皮蛾等害虫为害造成的各种爆皮），刮掉的皮及时烧毁，消灭越冬幼虫。

发芽前用拟除虫菊酯类杀虫剂1000倍液在剪口、锯口及翘皮处涂抹，杀死茧中越冬幼虫。发生期喷布5%甲氨基阿维菌素苯甲酸盐乳油4000～5000倍液，或25%灭幼脲3号1500倍液，或20%阿维·灭幼脲可湿性粉剂1500～2000倍液。

5. 黄尾毒蛾

黄尾毒蛾，又名盗毒蛾。主要为害樱桃、苹果、梨、桃、杏、李等多种果树和林木。

（1）形态特征 成虫体长13～15毫米，体、翅均为白色，腹末有金黄色毛。卵扁圆形，直径约1毫米，数十粒排成卵块，表面覆盖有雌虫腹末脱落的黄毛。幼虫体长30～40毫米，体黑色。蛹褐色，茧为灰白色。

（2）为害状 以幼虫为害新芽、嫩叶，被食叶成缺刻或只剩叶脉（图8-21）。

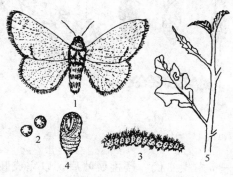

图8-21 黄尾毒蛾

1—成虫；2—卵；3—幼虫；4—蛹；5—被害状

（3）发生规律 一年发生2～3代。以3、4龄幼虫结灰白色茧在树皮裂缝或枯叶里越冬。樱桃发芽时，越冬幼虫开始出蛰为害，5月中旬至6月上旬作茧化蛹，6月上、中旬成虫羽化，在枝干上或叶背产卵；幼虫孵出后群集为害，稍大后分散。8～9月出现下一代成虫，产卵孵化的幼虫为害一段时间后，在树干隐蔽处越冬。

（4）防治方法 刮除老翘皮，防治越冬幼虫。幼虫为害期人工捕杀，发生数量多时，可喷布1%苦参碱1000倍液，或7.5%鱼藤酮乳油800倍液防治。

6. 天幕毛虫

天幕毛虫，又称枯叶蛾，俗称春粘虫、顶针虫。主要为害樱桃、桃、李、杏、苹果、梨等多种果树。

（1）形态特征 成虫为雌雄异形。雌蛾体长约 20 毫米，体褐色。雄蛾体长约 16 毫米，体黄褐色。卵圆筒形，灰白色，约 200 粒围绕枝梢密集成一环状卵块，状似顶针，越冬后为深灰色。幼虫体长 50～55 毫米，体上生有许多黄白色毛。初孵幼虫体黑色。蛹体长 17～20 毫米，黄褐色，被有淡褐色短毛，外面包有黄白色丝茧，茧上附有粉状物。

（2）为害状 以幼虫群集在枝杈处吐丝结网为害叶片，状似天幕。芽、叶被害后残缺不全，叶片集中成片被害，严重时主、侧枝等大枝上的叶片被食光（图 8-22）。

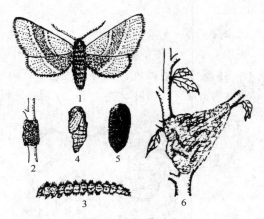

图 8-22　天幕毛虫
1—成虫；2—卵块；3—幼虫；4—蛹；5—茧；6—被害状

（3）发生规律 一年发生 1 代，樱桃展叶后，以完成胚胎发育的幼虫在卵壳中越冬。幼虫从卵壳中钻出，先在卵环附近吐丝张网并取食嫩叶嫩芽。白天潜居网幕内，晚间出来取食。一处叶片食尽后，再移至另一处为害。幼虫期 6 龄左右，虫龄越大，取食量越大，易暴食成灾。近老熟时分散为害。幼虫老熟后，在叶背面或杂草中结茧化蛹，蛹期 12 天左右，羽化后在当年生枝条上产卵。

（4）防治方法 结合冬剪，剪除卵环带出园外深埋或烧毁。在幼虫为害期及时发现幼虫群，人工捕捉，或对有虫枝叶喷施 1％苦参碱 1000 倍液防治。

7. 黑星麦蛾

黑星麦蛾，又名黑星卷叶芽蛾。主要为害樱桃、桃、李、杏、苹果、梨等多种果树。

（1）形态特征 成虫体长 5～6 毫米，翅展约 16 毫米，体灰褐色，头淡黄褐色，翅中央有 2 个纵列星状黑点，故名黑星麦蛾。卵椭圆形，长径约 0.5 毫米，淡黄色，有光泽。幼虫老熟幼虫体长约 11 毫米，较细长。蛹长约 6 毫米，红褐色。茧长椭圆形，灰白色。

（2）**为害状** 幼虫在幼龄期多潜伏在尚未伸展的嫩叶上为害，稍大便卷叶取食，常数头幼虫在一起将枝梢上几片叶卷曲成团，在团内咬食叶肉，残留表皮，日后干枯变黄，从而影响树梢正常生长，树势衰弱（图 8-23）。

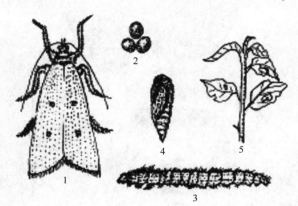

图 8-23 黑星麦蛾
1—成虫；2—卵；3—幼虫；4—蛹；5—被害状

（3）**发生规律** 一年发生 3 代。以蛹在杂草、地被物等处结茧越冬。次年 4～5 月间陆续羽化，成虫昼伏夜出，卵多产于叶柄基部，单产或几粒成堆。4 月中旬开始出现第一代幼虫，幼龄幼虫在枝梢嫩叶上取食，叶片伸展后幼虫则吐丝缀叶作巢，数头或十余头群集为害。幼虫极活泼，受惊动后即吐丝下垂。6 月末幼虫陆续老熟，并在被害叶团内结茧化蛹，蛹期 10 天左右。6 月上旬开始羽化，6 月中旬为羽化盛期。以后世代重叠，不易划分，第二代成虫羽化盛期约在 7 月下旬。至秋末，老熟幼虫下树寻找杂草等处结茧化蛹，进入越冬状态。

（4）**防治方法** 秋后或冬季清除落叶、杂草等地被物，消灭越冬蛹。生长季节摘除被害虫梢、卷叶，或捏死其中的幼虫。

幼虫为害初期喷 1％苦参碱 1000 倍液，或 25％灭幼脲 3 号悬浮剂 1500 倍液防治。

8. 舟形毛虫

舟形毛虫，又称苹果天社蛾、举尾虫等，主要为害樱桃、李、杏、苹果、梨等多种果树。

（1）**形态特征** 雌蛾体长 30 毫米，雄蛾体小，全体黄白色。卵球形，直径约 1 毫米，初产时淡绿色，近孵化时呈灰褐色，常数十粒，整齐排成块，产于叶背。幼虫体长 50～55 毫米，静止时幼虫头、尾两端翘起似船形。初孵化幼虫土黄色，2龄后变紫红色。蛹体长约23毫米，暗红褐色。

（2）为害状 以幼虫取食叶片，低龄幼虫咬食叶肉，被害叶片仅剩表皮和叶脉，呈网状；幼虫稍大便咬食全叶，仅剩下叶柄，发生严重时可将全树叶片吃光（图8-24）。

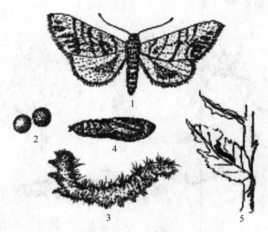

图8-24 舟形毛虫
1—成虫；2—卵；3—幼虫；4—蛹；5—被害状

（3）发生规律 一年发生1代，以蛹在树下7厘米深土层内越冬，若地表坚硬时，则在枯草丛中、落叶、土块或石块下越冬。翌年7月上旬至8月中旬羽化，交尾后1～3天产卵，卵产于叶背，卵期7～8天，幼虫3龄前群集于叶背，白天和夜间取食，群集静止的幼虫沿叶缘整齐排列，头尾上翘，受惊扰时成群吐丝下垂。3龄后逐渐分散取食。9月份老熟幼虫沿树干爬下入土化蛹越冬。

（4）防治方法 1～3龄幼虫为害期及时摘除虫叶或震落幼虫集中消灭，或对低龄幼虫喷布灭幼脲或苦参碱防治。

9. 美国白蛾

又名秋幕毛虫。食性杂，主要为害林业树木，近年来在樱桃、梨等果园中经常发生。

（1）形态特征 成虫体长12毫米，白色，腹面黑或褐色；卵近球形，浅绿或淡黄绿色，300～500粒成块；幼虫体长25～30毫米，头部黑色，体细长具毛簇瘤。

（2）为害状 以幼虫群集结网为害，1～4龄幼虫营网巢群集啃食叶肉，被害叶呈网状，5龄后分散为害，树叶常被吃光（图8-25）。

（3）发生规律 一年发生2代，以茧蛹于树下各种缝隙、枯枝落叶中越冬。

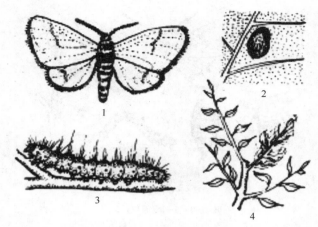

图 8-25　美国白蛾
1—成虫；2—卵；3—幼虫；4—被害状

一代幼虫发生于 5 月下旬至 7 月，第二代幼虫发生在 8 月至 9 月。成虫借风力传播，幼虫、蛹可随苗木、果品、林木及包装器材等运输扩散传播。

（4）防治方法　加强植物检疫工作；早春清扫果园，翻地、除草、刮皮等消灭越冬茧蛹；黑光灯诱杀；及时采收卵块，剪除烧毁虫巢卵幕。

幼虫发生期及时摘除虫包，或对受害枝叶喷布苦参碱或除虫脲防治。

10. 尺蠖

尺蠖又称造桥虫、丈量虫，其种类主要有枣尺蠖和梨尺蠖等，为害苹果、梨、樱桃、桃、杏等多种果树。

（1）形态特征　枣尺蠖雌雄异型，雌蛾体长 15 毫米，前后翅均退化，灰褐色，雄蛾体长 13 毫米，体和翅灰褐色；卵椭圆形，初为浅绿色，近孵化时呈暗黑灰色，数十粒至数白粒聚集成块；老熟幼虫体长 40 毫米，灰绿色。

梨尺蠖雌蛾体长 7～12 毫米，无翅，灰褐色，雄蛾体长 9～15 毫米，灰褐色；幼虫体长 28～31 毫米，灰黑色。

（2）为害状　枣尺蠖和梨尺蠖均以幼虫为害嫩枝、芽和叶，被害叶呈缺刻状（图 8-26、图 8-27）。

（3）发生规律　一年发生 1 代，以蛹在树下土中越冬，4 月上中旬为羽化盛期，雌蛾傍晚顺着树干爬到树上，等待雄蛾交尾。卵多产在树冠枝杈、粗皮裂缝处。幼虫的为害盛期为 4 月下旬至 5 月上旬。

（4）防治方法　人工捕捉幼虫，或在成虫羽化前，在树干基部缠塑料薄膜，阻止雌蛾上树。也可根据产卵习性，在塑料膜带下或在树裙下捆草绳 2 圈，或束

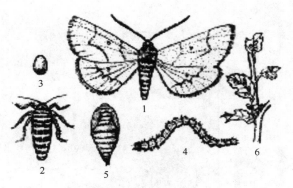

图 8-26 枣尺蠖

1—雄成虫；2—雌成虫；3—卵；

4—幼虫；5—蛹；6—被害状

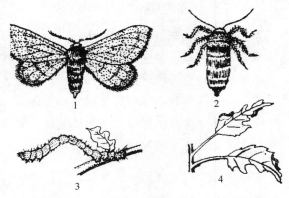

图 8-27 梨尺蠖

1—雄成虫；2—雌成虫；3—幼虫；

4—被害状

草把，诱集雌蛾产卵，每半月更换一次草绳，集中烧毁，共换 3 次，更换时刮除树皮缝中的卵块。

在幼虫 3 龄前，喷布 25％灭幼脲 3 号悬浮剂 1500～2000 倍液。

11. 天牛

天牛称铁炮虫、哈虫。其种类很多，有桃红颈天牛、桑天牛和星天牛等，主要为害樱桃、桃、杏、李等果树。

(1) 形态特征 桃红颈天牛成虫体长 28～37 毫米，雌成虫略大于雄成虫。黑色有光泽。卵乳白色，米粒状。幼虫初孵乳白色，近老熟时呈黄白色，体长 50 毫米左右。蛹体长 36 毫米，淡黄色，近羽化时体色为黑褐色。

桑天牛雌成虫体长 46 毫米，雄成虫体长 36 毫米。体黑褐色。卵黄白色，近孵化时浅褐色，椭圆形稍扁平，弯曲。幼虫圆筒形，乳白色，体长 70 毫米。蛹体长 50 毫米，淡黄色。

（2）为害状　以幼虫在树体的枝干内蛀食为害，粪便堵满虫道，有的从排粪孔内排出大量粪便堆积于树干基部，有的粪便从皮缝内挤出，常有流胶发生。被蛀食的枝干，易引起流胶，削弱树势，为害严重时可造成死枝或死树，甚至全园毁灭（图 8-28）。

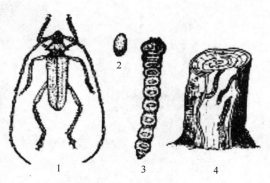

图 8-28　红颈天牛
1—成虫；2—卵；3—幼虫；4—被害状

（3）发生规律　两种天牛均以 2～3 年完成 1 代，以幼虫在虫道内过冬，但每年 6～7 月均有成虫发生。成虫羽化后多在树间活动、交尾或在树干上交尾，而后在粗皮缝内产卵或成虫作卵槽产卵，每次约产卵 40～50 粒。成虫多在白天活动，中午最为活跃。卵期约 10 天，孵化后幼虫蛀入皮层取食为害，随虫体增长逐渐深入。大龄幼虫则在皮层和木质间取食为害，虫道一半在树皮部分，一半在木质部分；老熟幼虫则蛀入木质部作茧化蛹，蛹期约 30 天。成虫羽化后在虫道内停留几天而后钻出。

（4）防治方法　经常检查树干，发现新鲜虫粪时及用刀将幼虫挖出；在成虫羽化期捕捉成虫。

熏杀幼虫：找到虫孔用铁丝钩出虫粪，塞入蘸有杀虫剂的棉球，而后用泥将蛀孔堵死。虫口密度大时可用注射针向树干内点注杀虫剂，可以杀死表皮和木质部的幼虫。

12. 透翅蛾

透翅蛾，又名小透羽，俗称串皮干。主要为害樱桃、桃、李、杏、苹果、梨等多种果树。

（1）形态特征　成虫体长 9～13 毫米，翅展约 18～27 毫米，体蓝色光泽，静止时酷似"胡蜂"。卵扁椭圆形，长径约 0.5 毫米，淡黄色。老熟幼虫体长约 20 毫米，头黄褐色，体白色或淡黄白色。蛹长约 15 毫米，黄褐色。茧长椭圆形，以丝缀连虫粪和木屑做成。

（2）为害状 以幼虫食害树的主干和大枝的韧皮部，虫道不规则，被害处有红褐色的虫粪流出，被害轻者树势衰弱，重则枯枝死树（图 8-29）。

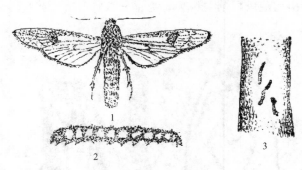

图 8-29 透翅蛾
1—成虫；2—幼虫；3—树干韧皮部被害状

（3）发生规律 大多地区一年发生 1 代。以老熟幼虫结茧在树干皮下的虫道内越冬，第二年春季继续蛀食为害，5 月下旬至 6 月上旬老熟幼虫先在被害部内咬一圆形羽化孔，但不要破表皮，开始化蛹。蛹期 10～15 天，羽化的成虫咬破表皮，并将蛹壳一半带出羽化孔，成虫将卵产在树皮裂缝处，6 月中旬至 7 月上旬卵孵化蛀入皮内为害。

（4）防治方法 春季刮除不光滑的翘皮；树干上见有虫粪流出时及时进行刮治；虫口密度大时可用注射针向树干内点注苦参碱类的杀虫剂杀死幼虫。

13. 金缘吉丁虫

金缘吉丁虫，俗名串皮虫，主要为害樱桃、桃、李、杏、苹果、梨等多种果树。

（1）形态特征 成虫体长 10～16 毫米，体扁平绿色，有金属光泽；卵椭圆形，长径约 2 毫米，黄白色；老熟幼虫体长约 35 毫米左右，扁平，黄白色；蛹长约 18 毫米。

（2）为害状 以幼虫于枝干皮层内、韧皮部与木质部间纵横串食，蛀食的隧道内充满褐色的虫粪，由于输导组织被破坏，造成树势衰弱，甚至干枯死亡。成虫食害叶片造成缺刻，但因食量小、发生期短，危害性小（图 8-30）。

（3）发生规律 发生代数因地区不同有差异，大多地区两年发生 1 代。各地均以不同龄期的幼虫在枝干蛀道内越冬，第二年春季树体萌芽时幼虫开始继续为

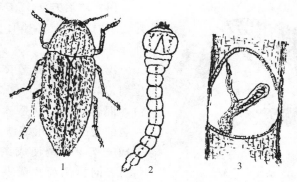

图 8-30　金缘吉丁虫
1—成虫；2—幼虫；3—被害状

害，幼龄幼虫当年不化蛹，老熟幼虫于 3 月下旬开始树皮内做一长椭圆形蛹室开始化蛹，5～6 月份羽化的成虫咬破表皮，并将蛹壳一半带出羽化孔，成虫将卵产在树皮裂缝处，6 月中旬至 7 月上旬卵孵化蛀入皮内为害。

（4）防治方法　加强管理，增强树势，避免产生伤口，刮除不光滑的翘皮，及时清理死树死枝，减少受害源。成虫发生期于清晨震落捕杀，树干上见有虫粪流出时及时进行刮治；虫口密度大时可用注射针向树干内点注苦参碱类的杀虫剂杀死幼虫。

14. 梨小食心虫

梨小食心虫，又名折梢虫，简称梨小。主要为害桃、樱桃、李、梨等果树嫩梢。

（1）形态特征　成虫体长 4～6 毫米，灰褐色。卵圆形至椭圆形，中央稍隆起，直径约 0.8 毫米，初产时为乳白色，半透明，以后变为淡黄色，孵化前可见到幼虫灰褐色的头部。低龄幼虫白色，头和前胸背板黑褐色，随虫龄的增大，虫体稍呈粉红色，老熟幼虫体长 10～13 毫米，淡红色。蛹黄褐色，长 6.8～7.4 毫米。

（2）为害状　以幼虫为害嫩梢，为害时多从新梢顶端叶柄基部蛀入髓部由上向下取食，幼虫蛀入新梢后，蛀孔外面有虫粪排出和树胶流出，蛀孔以上的叶片逐渐萎蔫，以至干枯，此时幼虫已由梢内脱出或转移，每个幼虫可蛀害新梢 3～4 个，被害新梢多数中空，并留下脱出孔（图 8-31）。

（3）发生规律　一年发生 3～4 代，以老熟幼虫在树皮缝内和其他隐蔽场所做茧越冬。早春 4 月中旬越冬幼虫开始化蛹，5 月中下旬第一代幼虫开始为害。为害樱桃的是第二、三代幼虫，7 月上旬至 9 月上旬，为严重为害期。尤其是苗圃发生为害较重，雨水多、湿度大的年份有利成虫产卵，发生为害加重。

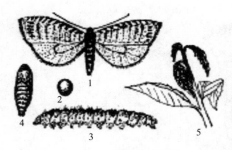

图 8-31 梨小食心虫

1—成虫；2—卵；3—幼虫；4—蛹；5—被害状

（4）防治方法 在被害新梢顶端叶片萎蔫时，及时摘掉有虫新梢，带出园外深埋。

用糖醋液诱杀成虫。在各代成虫发生期，取红糖 1 份，醋 2 份，水 10～15 份，混合均匀后，盛入直径为 15 厘米左右的大碗内，用细铁丝将碗悬挂在树上或支架上，诱使成虫投入碗中淹死，每日及时捡出死亡成虫，每亩挂碗 5～10 个。

当诱蛾量达到高峰时，3～5 天后是喷药防治适期，可选用 30％桃小灵乳油 2000 倍液，或 25％灭幼脲 3 号悬浮液 1500 倍液防治。

15. 潜叶蛾

又名桃线潜蛾，简称桃潜蛾。主要为害桃、樱桃、李、苹果等果树。

（1）形态特征 成虫体长 3～4 毫米，银白色，前翅狭长银白色。卵球形，乳白色。幼虫体长 4.8～6 毫米，淡绿色。蛹长 5～5.5 毫米，圆锥形，前端粗，尾端尖，初化蛹时淡绿色。茧长 6 毫米，近棱形，白色，茧外罩"工"字形丝帐，悬挂于叶背，从茧外可透视幼虫或蛹的体色。

（2）为害状 以幼虫潜入叶片内取食叶肉，使叶片留下宽约 1 毫米的条状弯曲的虫道，粪便排在虫道的后边，一片叶可有数头幼虫，但虫道不交叉，严重时叶片破碎，干枯脱落（图 8-32）。

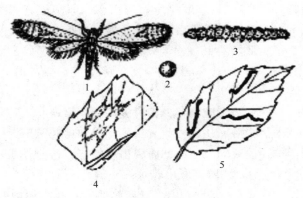

图 8-32 潜叶蛾

1—成虫；2—卵；3—幼虫；4—茧；5—被害状

（3）发生规律 发生代数各地不一，一般为 5～7 代，以蛹在被害叶上结茧越冬。展叶后开始羽化，卵散产于叶表皮内。幼虫孵化后即蛀入叶肉为害，幼虫老熟后蛟破表皮爬出，吐丝下垂在下部叶片背面作茧，幼虫在茧内化蛹。桃潜叶蛾在温室罩膜期间很少发生，揭膜后 8～9 月下旬发生较重。完成一代需 23～30 天。幼虫喜欢为害嫩叶，以梢顶端 4～5 片叶受害较重，多则一片叶上有 3～5 头幼虫，大发生时，秋梢上的叶片几乎全部被害，使叶片破裂脱落。

（4）防治方法 清除枯枝落叶，带出园外集中烧毁，消灭越冬虫源。

在发生初期喷药防治，可喷布 25％灭幼脲 3 号悬浮剂 1500 倍液，或 30％蛾螨灵可湿性粉剂 1500 倍液，或 20％杀铃脲悬浮剂 5000 倍液。

16. 绿盲蝽

绿盲蝽，又称绿蝽象、小臭虫，属杂食性害虫。主要为害樱桃、苹果、葡萄等多种果树及蔬菜等。

（1）形态特征 成虫体长 5 毫米，绿色，卵口袋状，长约 1 毫米，黄绿色。若虫绿色，体形与成虫相似，三龄若虫出现翅芽。

（2）为害状 以成虫和若虫刺吸嫩梢、嫩叶和幼果的汁液。被害处初出现褐色小斑点，随叶片生长，褐色斑点处破裂，轻则穿孔，重则呈破碎状。幼果被害后，形成小黑点，随果实增大，出现不规则的锈斑，严重时呈畸形生长（图 8-33）。

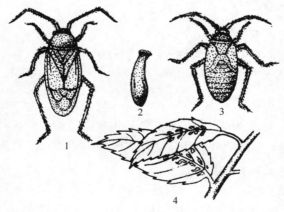

图 8-33 绿盲蝽
1—成虫；2—卵；3—若虫；4—被害状

（3）发生规律 一年发生 3～5 代，以卵在剪锯口、断枝、茎髓部越冬。露地早春 4 月上旬越冬卵开始孵化，5 月上旬开始出现成虫，并产卵繁殖与为害。温室内一般在展叶后开始发生为害。成虫活动敏捷，受惊后迅速躲避，不易被发现。绿盲蝽有趋嫩趋湿习性，无嫩梢时则转移至杂草及蔬菜上为害。

（4）防治方法 清除杂草，降低园内湿度。

发现新梢嫩叶有褐色斑点时，可喷布 10％吡虫啉可湿性粉剂 3000 倍液，或 2.5％扑虱蚜可湿性粉剂 2000 倍液。

17. 梨网蝽

梨网蝽俗称梨花网蝽、军配虫和麻牛牛。主要为害梨、苹果和樱桃等多种果树。

(1) 形态特征　成虫成虫体长 3.5 毫米，黑褐色。卵椭圆形，一端弯曲，长约 0.6 毫米，淡黄色，产于叶背组织内，从叶片背面看，只能见到黑色的小斑点（卵的开口处）。若虫与成虫相似，无翅，腹部两侧有刺状突起。

(2) 为害状　以成虫和若虫在叶背面吸食汁液，使叶片失绿，正面呈现苍白斑点，叶背布满黑褐色粪便，受害严重时，使叶片变成褐色，造成枯落（图 8-34）。

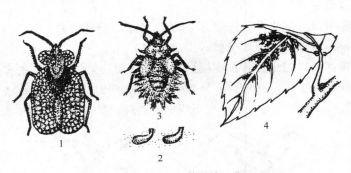

图 8-34　梨网蝽
1—成虫；2—卵；3—若虫；4—被害状

(3) 发生规律　一年发生 3～4 代，以成虫在落叶、树干翘皮裂缝、杂草、土块缝隙中越冬。樱桃展叶后越冬成虫开始出现，产卵于叶片背面叶脉两侧。若虫孵化后群集为害，4 龄后分散为害。从 6～10 月各虫态都同时存在，以 6～8 月发生为害最重。

(4) 防治方法　彻底清园，清除落叶杂草，刮除翘皮，清除后翻树盘消灭越冬成虫。

越冬成虫出蛰上树时，第一代若虫全部孵出，第一代成虫仅个别出现时喷药防治。可喷布 10％吡虫啉可湿性粉剂 3000 倍液，或 2.5％扑虱蚜可湿性粉剂 2000 倍液。

18. 刺蛾

刺蛾俗称洋辣子。其种类很多，有黄刺蛾、青刺蛾和扁刺蛾等。主要为害樱桃、苹果、梨等多种果树（图 8-35、图 8-36）。

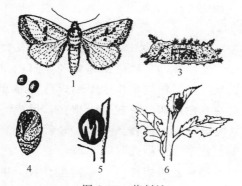

图 8-35 黄刺蛾
1—成虫；2—卵；3—幼虫；4—蛹；5—茧；6—被害状

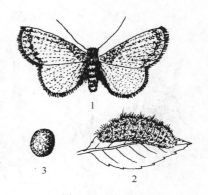

图 8-36 青刺蛾
1—成虫；2—幼虫；3—茧

（1）形态特征 黄刺蛾成虫，体黄色，体长 14～15 毫米。卵椭圆形，扁平，长径 1 毫米左右，黄绿色。幼虫黄绿色，体长 25 毫米左右。蛹椭圆形，黄褐色，体长约 12 毫米。茧卵圆形似雀蛋，质地坚硬，表面光滑，灰白色，有 3～5 条褐色长短不一的斑纹。

青刺蛾成虫，头胸部和前翅绿色，体长 16 毫米。卵椭圆形，扁平，黄白色，长径约 1.5 毫米。幼虫头部黄褐色，体黄绿色，体长约 25 毫米。蛹椭圆形，黄褐色，体长约 13 毫米。茧卵圆形，灰褐色。

扁刺蛾成虫，体灰褐色，体长 13～18 毫米。卵椭圆形，扁平，长径 0.5 毫米左右，黄白色。幼虫体长 25 毫米左右，扁椭圆形。蛹体长约 13 毫米，近椭圆形，黄褐色。茧椭圆形，似雀蛋，暗褐色。

（2）为害状 以幼虫取食叶肉，低龄幼虫在叶背啃食叶肉，残留上表皮或叶脉，被害叶呈网状，幼虫长大后，食量增加，叶片被咬成缺刻，严重时仅留叶柄。

（3）发生规律 一年发生 1～2 代，以老熟幼虫在枝条及枝杈处结茧越冬，只有扁刺蛾以幼虫在树下 3～6 厘米深处土内结茧越冬。樱桃展叶后幼虫开始化蛹，5 月末或 6 月上旬成虫开始羽化，产卵于叶片背面。幼虫孵化后群集为害，长大后分散为害。6 月中下旬至 8 月上旬为幼虫为害期。温室扣棚期间一般不发生为害。

（4）防治方法 结合修剪摘除枝条上的越冬虫茧，带出园外烧毁。
幼虫发生期可喷布苦参碱或 40％硫酸烟碱 800 倍液防治。

19. 大青叶蝉

大青叶蝉，又名跳蝉、大绿叶蝉、大绿浮尘子。主要为害樱桃、桃、李、杏等多种果树。

（1）**形态特征**　成虫体绿色，体长7～10毫米。卵香蕉状，长1毫米，初产时乳白色，孵化前出现红色眼点。若虫共5龄，体长7毫米，似成虫。

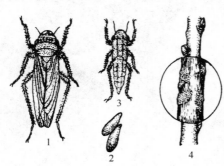

图8-37　大青叶蝉
1—成虫；2—卵；3—若虫；4—被害状

（2）**为害状**　以成虫和若虫吸食枝、叶汁液，晚秋成虫越冬产卵时，用锯状产卵器将枝条皮层上划成弯月形开口在其内产卵，造成枝干损伤，形成泡状突起伤疤，使枝条失水，轻者生长衰弱，重者抽干枯死（图8-37）。

（3）**发生规律**　一年发生3代，以卵在枝干的皮层下越冬，春季孵化为若虫，若虫和成虫以杂草为食，果树发芽后迁至树上为害，露地樱桃园和苗圃发生较重。第一代成虫发生在5月，第二代为7月，第三代在9～10月出现。

（4）**防治方法**　防治重要时期为9～10月份，可选用10%吡虫啉可湿性粉剂2000倍液防治。

20. 果蝇

果蝇是一种为害多种水果的腐食性害虫，可为害樱桃、桃、葡萄和苹果等多种果树，以晚熟和软肉樱桃品种受害较重。

（1）**形态特征**　成虫体小，复眼红色。初羽化的果蝇虫体比较长，翅膀尚未展开，体表尚未完全几丁质化，呈半透明的乳白色，透过腹部体壁可以看到黑色的消化系统，不久变为短粗圆形，双翅展开，体色加深。卵较小细长，乳白色；幼虫乳白色，圆柱形；蛹褐色，形状似麦粒。

（2）**为害状**　受害果初期果面不光滑，有针尖大凹陷褪色小点；为害中期时表皮水渍状，稍用力捏，便有汁液冒出，掰开内有白色小蛆；为害后期时果面凹陷腐烂，果面可见明显的脱果孔（彩图63）。

（3）**发生规律**　以蛹在土壤内1～3厘米深处或烂果中越冬，第2年当气温在15～20℃，成虫开始羽化，羽化的成虫开始在大樱桃果实上产卵，幼虫孵化后在果实内蛀食5～6天，老龄后脱果落地化蛹，蛹羽化后继续产卵繁殖下一代，世代重叠。樱桃采收后，果蝇转向相继成熟的桃、李等成熟果实或烂果为害。

（4）**防治方法**　清除园内杂草和果园周边的腐烂物，樱桃成熟期及时锄草和清理落果、裂果、病虫果及其他残次果，恶化果蝇滋生环境，减少虫口基数。

成虫发生期利用其趋化性进行糖醋液诱杀。取红糖50克、白酒150毫升、食用醋50毫升、水300毫升配制成诱杀剂，用容器盛装挂入田间。还可挂黏虫板防治。

21. 金龟子

金龟子俗称瞎撞、金壳虫、金盖虫等。其种类很多，有黑绒金龟、苹毛金龟、铜绿金龟等（图8-38），主要为害多种果树的花、叶片及果实。

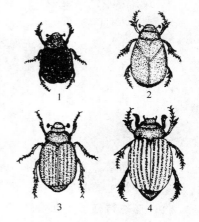

图 8-38　金龟子
1—黑绒金龟；2—苹毛金龟；
3—铜绿金龟；4—灰粉鳃金龟

（1）形态特征　黑绒金龟子成虫体长8毫米，黑褐色，密被短绒毛，有光泽，俗称缎子马褂，鞘翅上有纵行隆起线。

苹毛金龟子成虫体长10毫米左右，头胸部背面紫铜色，鞘翅茶褐色，有光泽。由鞘翅上可透视出折叠成"V"形的后翅。

铜绿丽金龟子成虫体长18毫米左右，背面铜绿色，有光泽，前胸背板两侧边缘黄色。

灰粉鳃金龟子体长28毫米，长椭圆形，赤褐色，密被灰白短绒毛，易擦掉。

（2）为害状　黑绒金龟子主要为害苗圃幼苗，苹毛金龟子主要为害花朵和叶片，铜绿丽金龟子和灰粉鳃金龟主要为害叶片。受害叶片出现破洞、缺刻，严重时被吃光，花受害后，花瓣、雄雌蕊和子房全被食光（图8-39）。

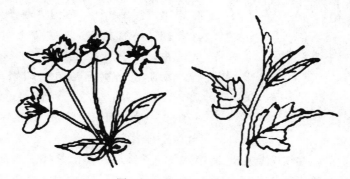

图 8-39　金龟子为害状

（3）发生规律　黑绒金龟1年发生一代，以幼虫或成虫于土中越冬，主要为害苗圃幼苗和露地樱桃树，4月下旬至6月上旬为害重。

苹毛金龟1年发生一代，以成虫在土中越冬，主要为害露地樱桃花，其次为害叶片，4月中旬至5月上旬为害重。

铜绿金龟1年发生一代，以幼虫于土中越冬，主要为害露地樱桃叶片，5月下旬至6月中旬为害重。

灰粉鳃金龟3～4年发生一代，以幼虫和成虫在土中越冬，主要为害露地樱桃叶片，6～7月为害重。

（4）防治方法 成虫发生期、利用其假死习性，组织人力于清晨或傍晚振落捕杀，集中消灭。

苗圃发生黑绒金龟子时，还可用长约60厘米的杨树枝分散安插在苗圃内诱捕成虫。

22. 象甲

象甲俗称象鼻虫、尖嘴虫、放牛小、灰老道。其种类很多，有大灰象甲和蒙古灰象甲等，主要为害樱桃、桃等果树，是苗圃内春季发生的主要害虫。

（1）形态特征 大灰象甲成虫体长10毫米，蒙古灰象甲成虫体长7毫米，灰褐色。

（2）为害状 以成虫为害苗木的新芽、嫩叶，被害新芽不萌发枝条，重则全部吃光（图8-40）。

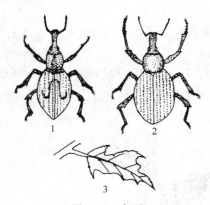

图8-40 象甲
1—大灰象甲；2—蒙古灰象甲；3—被害状

（3）发生规律 一年发生1代，以成虫在土内越冬，4月出蛰，先取食杂草，树体发芽后，爬行至树上为害新芽和叶片。6月间大量产卵于叶背，少量产卵于土内。幼虫取食细根和腐殖质，并做土室化蛹，羽化后的成虫当年不出土，即进入越冬状态。

（4）防治方法 早晨或傍晚人工捕杀树上成虫，集中消灭。

为防止当年定植苗木的嫩芽、幼叶受害，定植后于苗木主干基部接近地面处，用报纸扎一伞状纸套，阻止上芽为害，或套塑料袋防止为害。

成虫出土前，在树干周围地面用0.5％苦参碱600倍液拌玉米面或浸菜叶，均匀撒于地面防治。

23. 蛴螬类害虫

（1）形态特征 蛴螬类害虫俗称蛭虫、大脑袋虫、鸡粪虫，是金龟子的幼虫，其种类很多。以大黑金龟子、朝鲜金龟子、铜绿金龟子等幼虫发生普遍。体乳白色，头赤褐色或黄褐色，体弯曲，体壁多皱褶，胸足3对，特别发达，腹部无足，末端肥大，腹面有许多刚毛，通常称这些刚毛为刮泥器。

（2）为害状 主要啃食幼苗、幼树的地下部分，尤其是根茎，啃食幼树根茎及根系表皮达木质部，致使幼树逐渐萎蔫死亡，幼苗受害主要是被其从根茎部咬断而死亡（图 8-41）。

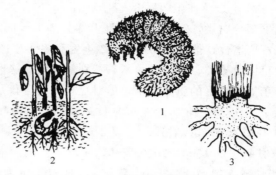

图 8-41　蛴螬为害状

1—蛴螬；2—幼苗被害状；3—幼树根系被害状

（3）发生规律　越冬蛴螬于春季 10 厘米处土壤温度达 10℃ 左右时，开始上升至土壤表层，地温 20℃ 左右时，主要在土壤内 10 厘米以上活动取食，秋季地温下降至 10℃ 以下时，又移向深处的不冻土层内越冬。

（4）防治方法　结合松土翻树盘，捡出幼虫集中消灭。发现幼苗萎蔫时，将根茎周围的土扒开捕捉幼虫。

虫口密度大时，用 0.5％苦参碱 600～800 倍液灌注根际。

第二节　草害及防治

樱桃园杂草主要有禾本科杂草、阔叶杂草、莎草科杂草以及藻类和蕨类杂草等。如果不及时刈割或清除，就会造成与樱桃争肥争水，还会造成田间空气湿度大，导致病虫害发生严重，有些杂草还是病虫的中间寄主或越冬场所，因此，除了在果园内饲养家鹅食草外，面积较大的樱桃园，往往需要喷施除草剂来清除田间杂草。

一、除草剂类型与使用

果园除草剂有两类，一类是灭生性的茎叶处理剂，另一类是土壤封闭剂。茎叶处理剂主要防除已出苗的杂草，杂草旺长期使用效果较好，常见的种类有草甘膦、百草枯。土壤封闭剂主要防除未出土的杂草，多在降雨、浇水或中耕后使用，常见的种类有氟乐灵。

草甘膦又名农达、镇草宁、草克灵、奔达、飞达、罗达普、农旺、春多多等，属低毒除草剂。对蜜蜂、蚯蚓等无毒害。该药剂为内吸传导型光谱灭生性有机磷除草剂，施药后药剂从韧皮部很快传导，24 小时内大部分转移到地下根、茎。施药后植物中毒症状表现较慢，一年生杂草一般经 3～5 天后开始出现反应，15 天后全部枯死；多年生杂草在施药后 3～7 天地上部分叶片逐渐枯黄，继而变褐，最后倒伏，地下部分腐烂，20～30 天后地上部分基本干枯。

草甘膦具有杀草广谱性，能有效防除 1～2 年生和多年生的禾本科杂草、莎草科杂草、阔叶杂草以及藻类、蕨类和灌木，特别对深根的恶性杂草如白茅、狗芽根、香附子和芦苇等有良好的防除效果，但对豆科、百合科杂草作用稍差。

对于一年生杂草，在株高 15 厘米左右时喷施最好，以阔叶杂草为主的樱桃园，每亩用 10％草甘膦水剂 750 毫升；在以 1～2 年生禾本科杂草为主的樱桃园，每亩用 10％草甘膦水剂 1500～2000 毫升；在以多年生深根杂草为主的樱桃园，每亩用 10％草甘膦水剂 2000～2500 毫升。一般对水量为 30～50 升。在杂草生长旺盛期喷雾处理，不能用土施。

氟乐灵又名特福力、氟利克、氟特力、茄科宁等。属低毒除草剂，对蜜蜂低毒。该药剂为内吸选择性二硝基苯胺类苗前土壤处理除草剂，在杂草种子发芽生长穿过土层的过程中被吸收。该药剂施入土壤后，由于挥发、光解、微生物和化学作用而逐渐分解消失，潮湿和高温会加速药剂的分解速度，因此施入后需浅耙土以防止分解，持效期为 3～6 个月。

于杂草出土前进行土壤处理，一般每亩用 48％乳油 100～150 毫升，对水 30～50 升，在土壤表面均匀喷雾。

目前百草枯已禁止使用，一种新的环保型的除草剂——"除草醋"已开始在生产中推广应用。

二、使用化学除草剂的注意事项

1. 选用适合的除草剂

果园最常用的是草甘膦，这种除草剂在土壤中很容易钝化失活，残效期短，因此对果树根系最安全，而阿特拉津、乙草胺、氟乐灵等则持效期长，副作用较多，不宜多用。

2. 清洗喷雾器

喷施过除草剂的喷雾器应及时用碱水清洗干净，然后再用，以免对其他作物造成药害。

3. 注意人畜和果树的安全

不少除草剂对人畜有毒，施用时应注意安全，果园使用除草剂应在晴朗无风的天气进行，以免药剂漂移和挥发，同时注意药液不能喷洒在树枝、叶、芽和幼果上。

4. 选择最佳施药时期

土壤封闭性除草剂应在杂草出土前施药，如氟乐灵、乙草胺等，而茎叶吸收处理剂则在杂草5～6叶期以前施用效果最好。

第三节　营养缺乏及其防治

由于栽植在不同类型土壤中，多年生长后的甜樱桃，常因缺乏某种营养元素而表现出一定的病症，在给予相应的营养后，便可以大大缓解或消失。

一、常见缺素的症状

1. 缺镁

缺镁首先发生在老叶上，症状为叶脉间失绿黄化，严重时整个叶片黄化，并引起早期落叶。

在酸性条件下，镁经雨水冲刷很容易淋失，因此缺镁常常发生在中雨量或高雨量区的酸性沙质土上。镁与钾之间存在拮抗关系，多施钾肥时，加重缺镁程度。氮肥与镁肥有很好的相辅作用，施镁的同时适量施氮肥有助于镁的吸收。

2. 缺硼

缺硼主要表现在先端幼叶和果实上。缺硼时，幼叶脉间失绿，果实出现畸形，严重时果肉呈海绵状、无种子等。

在施氮、钾、钙多的情况下，影响硼的吸收，易缺硼。干旱少水的情况下降低土壤中硼的有效性，易缺硼。

3. 缺铁

缺铁主要表现在嫩叶上，开始叶肉变黄，叶脉呈绿色网纹状失绿，随病势发展，失绿程度加重，整叶变成黄白色，叶缘枯焦引起落叶，新梢顶端枯死。

土壤盐碱较重易缺铁。

二、缓解缺素的方法

避免缺素症状的发生，首先是注重平衡施肥，其次是不在pH值超过8以上的地块建园，出现缺素症状可以进行叶面或土壤施肥来补充。

1. 缺镁防治

于秋季将硫酸镁与有机肥一同施入；叶面喷施 1.5% 的硫酸镁，自花后开始每周一次，喷 2～3 次。

2. 缺硼防治

于秋季将硼砂与有机肥一同施入；叶面喷施为于开花前 1～2 周开始至采收前喷 2～3 次，浓度为 0.2%～0.3%。

3. 缺铁防治

叶面喷施 0.3%～0.5% 硫酸亚铁溶液，或土施过磷酸钙调节。

第四节　常用矿物性杀菌剂的配制

一、波尔多液

波尔多液是由硫酸铜、生石灰和水配制而成的天蓝色胶状悬浮液。其有效成分为碱式硫酸铜。质量好的波尔多液呈天蓝色，波尔多液为光谱保护性杀菌剂，喷到树体上黏着力很强，在树体上的残效期为 7～15 天，其主要通过释放铜离子起到杀菌的作用。

1. 性状

药液呈碱性，比较稳定，黏着性好，但久置会沉淀，产生原定形结晶，性质发生改变，药效降低。因此波尔多液要现用现配，不能贮存。药液对金属有腐蚀作用。

2. 作用特点

波尔多液是保护性杀菌剂，对大多数真菌病害具有较好的防治作用，其杀菌机理是依靠水溶性铜凝固蛋白质，并和菌体内多种含巯基酶作用。将刚配好的波尔多液喷洒在树体或病原菌表面，形成一层很薄的药膜，此膜虽然不溶于水，但它在二氧化碳、氨、树体及病菌分泌物的作用下，会逐渐使可溶性铜离子增加而起杀菌作用，并有效地阻止孢子发芽，防止病菌侵染。

此外，波尔多液中的铜元素被树体吸收后，还可起到微量元素作用，促使叶片浓绿，生长健壮，提高其抗病力。

3. 配制方法

一般甜樱桃树使用的比例为石灰倍量式，即硫酸铜、生石灰和水为 1：2：（200～240）倍液。

波尔多液质量的好坏和配制方法有密切关系。一般常用的配制方法有以下两种：

（1）**注入法**　先将硫酸铜和生石灰按比例称好，分别盛在非金属容器中，然后用总药水量的 2 份溶化生石灰，滤去残渣，即成浓石灰乳。再用余下的 8 份水制成稀硫酸铜溶液（先用少量热水将硫酸铜化开，然后加入剩余水）。待上述两液温度相等时，再将稀硫酸铜溶液慢慢倒入石灰液中，边倒边搅，即成天蓝色的波尔多液（图 8-42）。用这种方法配成的药液质量好，颗粒较细而匀，胶体性能强，沉淀较慢，附着力较强。

图 8-42　波尔多液的配制

1—硫酸铜液；2—石灰液

（2）**并入法**　将硫酸铜和生石灰按比例分别装入容器内，用总水量的一半稀释硫酸铜（先用少量热水将硫酸铜溶化），用另一半水溶化生石灰（滤去残渣），待上述两液温度相等时将硫酸铜液和石灰乳同时慢慢倒入另一个容器中，边倒边搅拌，即成波尔多液。波尔多液配制质量的好坏，与原料的优劣有直接关系。因此在配制时，要注意选择优质硫酸铜，生石灰要求为烧透、质轻、色白的块状石灰，粉末状的消石灰不宜使用。

4. 防治对象

在甜樱桃园中应用，主要是防治叶斑病。

5. 注意事项

（1）**预防药害**　波尔多液是比较安全的农药，但使用不当也会产生药害。波尔多液浓度过大或温度过高时喷布，嫩叶会发生药害。喷布波尔多液后如果遇到阴雨连绵天气，或者在湿度过大及露水未干时喷药均易引起药害，因此要选择晴天露水干了之后喷药。喷药过重、药液配制质量不合乎要求时，均易发生药害，应加以避免。喷布波尔多液后相隔时间过短就喷布石硫合剂时，也会因产生硫化铜而引起药害，因此喷过波尔多液后 15～20 天内不能喷布石硫合剂和松蜡合剂。喷过矿物油乳剂后 30 天内不能喷布波尔多液，以免出现药害。

（2）配制药液时禁止使用金属容器。

（3）用注入法配制时，只能将稀硫酸铜液倒入浓石灰乳中，顺序不能颠倒，否则配制的药液沉淀快，且易发生药害。

（4）药液应随用随配，超过 24 小时易沉淀变质，不能再用。

（5）配好的药液不得搅拌和稀释。

（6）喷布时要做到细致周到，喷后如遇大雨，天晴后应及时补喷。

（7）为提高药效，应在药液中加入展着剂，如 0.2%～0.3%豆浆、大豆粉、中性洗衣粉等。

（8）波尔多液呈碱性，含有钙，不能与怕碱农药以及石硫合剂、有机硫制剂、松蜡合剂、矿物油剂混用。

二、石硫合剂

石硫合剂是石灰硫黄合剂的简称，俗称硫黄水，是由生石灰、硫黄粉做原料加水熬制而成的枣红色透明液体（原液），工业产品为固体。

1. 性状

药液呈强碱性，遇酸易分解，在空气中易被氧化。有臭鸡蛋味，对皮肤和金属有腐蚀性。

多硫化钙化学性质不稳定，易被空气中的氧气、二氧化碳分解。喷到树体上会发生一系列化学反应，形成微细的硫黄沉淀，并释放出少量硫化氢而起杀菌作用。

2. 作用特点

石硫合剂是一种无机杀菌兼杀虫和杀螨剂，其有效成分为多硫化钙，有渗透和侵蚀病菌细胞壁和害虫体壁的能力。喷洒在树体表面上，短时间内硫化钙有直接杀菌和杀虫作用，但很快和氧、二氧化碳及水作用，最后的分解产物硫黄仅有保护作用。

3. 熬制方法

常用的配制比例为：生石灰 1 份、硫黄粉 2 份、水 10 份。先把优质生石灰放在铁锅中，用少量水使生石灰消解，待充分消解成粉状后加足水量。生石灰遇水发生剧烈的放热反应，在石灰放热升温时，再加热石灰乳，近沸腾时，把事先调成糊状的硫黄浆沿锅边缘缓缓地倒入石灰乳中，边倒边搅拌，并记下水位线。用强火煮沸 40～60 分钟。待药液熬成枣红色，渣滓呈黄绿色时，停火即成（图8-43）。用热水补足蒸发所散失的水分。冷却后滤出残渣，就得到枣红色的透明石硫合剂原液。在熬制过程中，如果由于火力过大，虽经搅拌，锅内仍泛出泡沫时，可加入少许食盐。

熬制方法和原料的优劣都会直接影响药液的质量，如果原料质优，熬煮的火候适宜，原液可达波美 28 度以上。因此要求最好选用白色、块状、质轻的生石灰，硫黄以硫黄粉较好。

图 8-43　熬制石硫合剂

4. 防治对象及使用方法

（1）防治对象　石硫合剂的应用是在甜樱桃树体发芽前，防治多种在树干和树枝上越冬的病菌，以及介壳虫和叶螨等，萌芽前喷布的浓度是 3～5 波美度液，发芽后喷布的浓度和蘸根浓度是 0.2～0.5 波美度液。

（2）稀释浓度的计算方法　石硫合剂的有效成分含量与比重有关，通常用波美比重计测得的度数来表示，度数越高，表示有效成分含量越高。所以使用前必须用波美比重计测量原液的波美度数，然后根据原液浓度和所需要的药液浓度加水稀释。一般最简单的稀释方法是直接查阅"石硫合剂稀释倍数表"。也可以用下列公式按重量倍数计算：

$$加水稀释倍数 = \frac{原液波美浓度 - 需要的波美浓度}{需要的波美浓度}$$

5. 注意事项

（1）发芽前通常用 3～5 波美度液，生长期使用一般不能超过 0.5 波美度。

（2）石硫合剂是强碱性药剂，不能与怕碱药剂混用，不能与波尔多液混用。在喷过石硫合剂后需间隔 7～15 天，才能喷布波尔多液，而喷过波尔多液后需间隔 15～20 天才能喷石硫合剂，否则易产生药害。

（3）石硫合剂有腐蚀作用，使用时应避免接触皮肤，如果皮肤和衣服沾上原液，要及时用水冲洗。喷药器具用后要马上用水冲净。

三、白涂剂

白涂剂是一种杀菌剂，可以减轻甜樱桃因冻害或日灼而发生的树体伤害，并能遮盖伤口，避免病菌侵入，白涂剂主要用于树干涂抹。

1. 配制方法

用生石灰 8～10 份，石硫合剂原液 1 份，食盐 1 份，动物油或植物油 0.1～0.2 份，水 20 份。配制时 1/2 的水化开生石灰和食盐，然后加入石硫合剂和油充分搅拌均匀即可。

2. 使用方法

在树体落叶后的晚秋，将配制好的白涂剂涂于树干 1 米高以上，基部主枝涂 30 厘米以上。对成龄树涂白要在涂前刮除老翘皮，尤其是枝杈部位要重点涂抹。

第九章
果实采收与采后处理

甜樱桃无公害果品生产，要求从采收、分级、包装和贮运到销售等一系列环节，应保证果品不被有毒有害物污染。

第一节　果实采收与分级

一、采收

适时采收就是根据果实品种和用途的不同，确定适宜的采收时期，做到既不过早采收，也不过晚采收。具体要从以下各方面着手：

首先，要根据品种的特性，从果实大小、色泽、风味、口感等指标上，科学判断品种的成熟期。

其次，要根据果实不同用途确定采收期。对在当地销售的鲜食果和用于酿酒、制汁、制酱等加工的果，应在充分成熟时采收；而对贮藏、外运销售和制罐用果，则应适当早采，一般是在八九分成熟时采收为宜，比当地鲜食和用作酿酒、制汁、制酱原料早采3～5天。

第三，对不同部位的果实要分期适时采收。一般树冠上部和树冠外围的果，因光照条件好着色成熟相对要早一些，对这些果就应比内膛、树冠下部果适当早采；另外，一个花序中的果实因发育不一，成熟期也有差异，也必须根据每个果的成熟度分期采收。

甜樱桃果实不耐机械损伤，要以人工采摘为基本采收方法。虽然美国已于20世纪50～60年代研究樱桃机械采收，并在生产中得到了一定的应用，但就全世界甜樱桃生产而言，目前仍以人工采收为主要方法。我国劳动力资源丰富，在今后相当长的时间内，甜樱桃果实的采收还是主要依靠人工采摘。

人工采收必须按操作规程细心进行。采收时以拇指和食指捏住果柄基部，轻轻掀起便可采下，轻轻放入果筐（果篮）中，一定做到轻采轻放，防止果实刺、压、挤、摔等伤害。还要注意保护果枝，特别是不要折断花束状结果枝和短果枝。

二、分级

采下的果实，首先要进行挑选，剔除枯花瓣、枯叶和裂果、刺伤果、病虫果、畸形果以及无果柄的果，然后按一定要求进行分级。目前我国尚无统一分级标准，只有山东省烟台供销社 1966 年提出了一个四级分级法，把樱桃分为超特等、特等、一等和二等四个标准。在果个大小上四个等级要求分别为大于 10.0克、8.0～9.9克、6.0～7.9克和 4.0～5.9克。在着色方面要求超特等、特等和一等果的深色品种，要具有该品种的典型色泽，着色全面，二等果色泽可淡些；浅色品种各等级要求着色面分别为 2/3 以上、1/2 以上、1/3 以上和略有着色。果形的要求是具有本品种典型果形，或有很少量的畸形果；果面要鲜艳光泽，无磨伤、无果锈、无污斑和无日灼伤；带有完整的新鲜果柄；果无裂口、刺伤和挤压伤，无病虫害。

随着新品种的不断推出，这一分级标准仅供各地参考。生产、经营者可根据品种特性、市场需求和供求关系等灵活制定更合适的分级标准。

第二节　采后处理

一、包装

甜樱桃是水果中的珍品，特别是保护地果实正值水果供市淡季，价值更高，因其不耐贮运，要求进行合理、精美的包装，这样包装后不仅可减少运输中的损伤、有利于保持果品质量、延长货架期，而且还能以其精美的包装引起消费者的注意。

过去包装多用条筐装运，随着纸制、塑料制品包装器材的不断问世，条筐等老式包装已基本被新型材料所取代，现代包装多用纸箱和纸盒。

包装器材的容量不宜过大，一般以 10 千克、5 千克、2.5 千克和 1 千克为宜。往外地运输销售的果品，为了防止长途运输中出现挤、压等损伤，还要进行外包装，外包装材料最好是方格木箱，其次为纤维板箱等。无论哪种箱，都要具有耐挤压、抗碰撞性能。外包装箱规格不要过大。内外包装材料上均印有品种、规格、重量、产地和日期等标记，这样既能使经营者和消费者对果品一目了然，又可借此为扩大宣传、打造品牌创造条件。

二、运输

甜樱桃不耐长途、长时间运输。长途、长时间外运的果实，应按照路途远近和果实不同用途，采取不同的运输方法。送加工厂和贮藏库的果实，可利用加工厂和贮藏库的专用木箱或塑料周转箱运输，对鲜食销售的果实，要用冷藏车运输。运输之前需用加压冷却法进行预冷，使果实温度降至 3～4℃，在 0℃冷藏条件下运输，运输的周转时间可长达 20～30 天。无制冷装置条件下运输，起止时间不能超过 5 天。

三、贮藏

目前国内外对甜樱桃果实贮藏保鲜，主要应用以下技术：

1. 低温贮藏

低温贮藏主要是降低甜樱桃在贮藏过程中的呼吸强度，延缓衰老，抑制病菌的滋生危害，防止腐烂，提高贮藏寿命。低温贮藏的最适宜温度为 0～1℃。

小规模的低温贮藏可以采用冰或干冰制冷。规模较大时，则应有冷库装置。冷库的库房需用良好的隔热材料建造，并安装机械制冷系统来调节贮藏温度。修建库房的隔热材料很重要，如果隔热材料质量不好，即便是有较好的制冷设备，冷气也很难被充分利用，而且会增大耗冷量，加速制冷机械的磨损，较好的冷库隔热材料主要是聚丙乙烯泡沫板。冷藏的甜樱桃果实需用保鲜袋包装，先进行预冷处理，使果实经 12～48 小时敞口预冷，然后放入保鲜剂后封袋，在低温 0～1℃和湿度 90％～95％的条件下贮藏。

2. 气调贮藏

气调贮藏又称"CA"贮藏，是指在控制气体成分的冷藏间保存果实的一种贮藏方法。在果实进入冷藏间后，利用较高浓度的二氧化碳和较低浓度的氧气、氮气以及温度等因子，按预定的指标进行调节。使果实在气调状态下，继续维持生命，控制病原菌活动，降低果实呼吸强度，延长果实寿命，减弱果实新陈代谢的强度，保持果实的新鲜和食用价值。目前国内建造的气调库容量为 15～400吨，就贮藏樱桃而言，应建造小型的气调库，既经济又实用，并且很适于广大农村个体户贮藏的需求。

气调贮藏的适宜温度为 0～1℃，空气中的湿度为 90％～95％，二氧化碳含量为 10％～20％，氧气含量为 5％～10％。

3. 速冻贮藏

速冻保鲜是将甜樱桃果实洗净后，放在不同的小包装内，立即放入 −70～−80℃的低温冰箱内迅速冷藏起来，食用时缓慢解冻，果实仍可保持较好的新鲜风味。这种方法可使甜樱桃果实贮藏期达 100 天左右。

四、果品营销

甜樱桃果实通过流通渠道，投放于市场变为商品，生产者才能得到效益。所以，采取正确的营销策略和多种营销措施，也是提高生产效益的重要环节。

1. 建立甜樱桃协会

由甜樱桃协会（合作社）把一家一户的生产者组织起来，形成产业，把产区变成果品的规模供应基地，同时搜集提供技术信息，开拓销售市场，组织销售，把果品及时投向市场。

2. 开展市场调研

积极开展调查研究，尽量多了解市场情况，把产品有目的地向需求地区推销；并努力开展与非产区的大超市、果品公司、果品经营大户合作，建立稳定的供求关系，使果品有可靠的销售市场。

3. 广泛宣传

通过多种途径，加大宣传力度，使产品让更多人了解。如辽宁大连、山东烟台等集中优势产区，应举办甜樱桃采摘节、品尝会、展览会等，吸引国内外客商前来观光考察，同时积极参加相关的农业和农产品展览（博览）会，展示产区的优势果品。另外还可通过电视、广播、互联网等多种媒体，开展有效的宣传，宣传产区的优势条件、生产规模、产品质量、经营理念及对需求者的多种优惠措施等，以此树立产区的良好形象。

4. 打造品牌

实行品牌策略。各主产区都应立足于本地条件，积极打造品牌，争取实现集中产区一县一品、一乡一品或一村一品，最低也应达到一村一品。靠品牌优势开拓市场，再在品牌的基础上，创造出本地区（市、县、乡）的名牌。

附录一　露地甜樱桃田间管理作业历

1. 萌芽期管理

1.1　整形修剪

树体萌芽初期进行整形修剪，重点疏除竞争枝、徒长枝、主枝背上直立枝发育枝、背下重叠枝、回缩细弱枝和交叉枝。修剪后拉枝整形，重点加大各级骨干枝的角度，并且使各主枝均匀分布于主干的四周。

1.2　翻树盘

普遍将树盘翻一遍，内浅外深，深度8～20厘米。

1.3　施肥浇水

树体萌芽前在树盘上，划放射沟施三元复合肥1.0～1.5千克/株，过磷酸钙、饼肥、生物菌肥等有机肥2～3千克/株，施后覆土盖严，并浇1次透水。

1.4　松土

地表稍干时划锄松土，深度8～10厘米。

1.5　喷杀菌剂

萌芽前喷1次5波美度石硫合剂，或30％石硫矿物油微乳剂500～600倍液。

2. 花期管理

2.1　防晚霜危害

在晚霜来临时用熏烟法或风机吹风方法驱霜。熏烟防霜每亩升烟至少6～8堆，均匀分布在园内各个方位。

2.2　花前喷施一次杀虫剂和杀菌剂。

2.3　辅助授粉

在樱桃初花时，每3～5亩放1箱蜜蜂或角额壁蜂，辅助授粉。

2.4　疏蕾疏果

在花芽现蕾期将现蕾较晚的小花蕾疏除，每个花芽内保留3个饱满花。2～3周后疏果，每花束状果枝留5～8个果，主要疏除小果、畸形果和病虫果。

2.5　抹芽和摘心

及时抹除剪锯口处过多的萌芽，主侧枝上的过旺新梢要轻摘心。

2.6　喷施叶面肥

初花和末花期各喷施1次600倍液果力奇。

2.7　花前土壤干旱可浇1次小水。

3. 果实发育期管理

3.1 整形修剪

抹除剪锯口处无用的萌芽，及时摘除主枝背上多余的直立新梢，对留作培养结果枝组的枝条进行轻摘心，使树体通风透光良好。

3.2 防止和减轻裂果

保持土壤水分稳定，及时排灌水。叶面喷施 600 倍液欧甘钙肥或海德贝尔等有机肥，提高果实含糖量；还可以搭建防雨帐篷，防止和减轻裂果。

3.3 防治病害

田间湿度大时，预防灰霉病和叶斑病，喷施 25％啶菌噁唑（菌思奇）乳油 1000 倍液，或 50％速克灵可湿性粉剂 2000 倍液，加入 43％戊唑醇乳油 3000 倍液或 80％代森锰锌可湿性粉剂 800 倍液，此间喷施 3～4 次氨基酸类有机叶面肥。

3.4 施肥浇水

落花后 15～20 天，也就是果实硬核以后，施 1 次以磷钾和有机营养为主的速效性肥料，施后灌 1 次水，润透土壤 30～40 厘米深即可。灌水后及时松土。

3.5 防鸟害

搭建防鸟网。

4. 采收后夏季管理

4.1 施肥浇水

采收后立即追施 1 次以氮磷钾为主的速效性肥料，施后灌 1 次透水。以后灌水依据天气，每隔 15～20 天灌一次水。

4.2 防治病虫害

采收后喷施 2～3 次杀菌剂，防治叶斑病，交替喷施倍量式波尔多液、代森锰锌或戊唑醇，或戊唑醇和代森锰锌加壳聚糖类有机肥交替喷施。发生卷叶虫喷施 2.3％甲氨基阿维菌素苯甲酸盐微乳剂 2000 倍液，或 0.3％苦参碱水剂 1500 倍液。发生螨类害虫喷施 1.8％齐螨素乳油 4000 倍液，或 15％辛·阿维乳油 1000 倍液防治。发生梨网蝽喷施 10％吡虫啉可湿性粉剂 2500 倍液防治。

4.3 除草松土

及时铲除杂草，每次降雨和灌水之后要深锄松土，或松土后覆盖抑草布。

5. 秋季管理

8 月中旬至 9 月中旬，在树盘的两侧挖深 30～40 厘米、宽 40 厘米的长形沟，将有机肥及一定数量的化肥掺匀后施入沟内，施后覆土盖严，并浇一次透水。第二年施树冠的另两侧。结果树一般每株施牛、马粪 100～150 千克，或羊粪 50 千克，或纯湿鸡粪 20～30 千克，加入复合肥 0.5 千克，过磷酸钙或硅钙镁钾肥 1.0～2.0 千克。

6. 冬季管理

6.1　树干涂白

入冬前将树干涂白，杀菌杀虫提高树体抗寒性（白涂剂：生石灰 8～10 份，石硫合剂原液 1 份，食盐 1 份，动物油或植物油 0.1～0.2 份，水 20 份）。

6.2　浇封冻水

在土壤结冻前浇 1 次透水，以浇后能润透土壤 50 厘米左右深即可。

附录二　保护地甜樱桃田间管理作业历

温室和大棚栽培甜樱桃的目的是促使果实提早上市，所以应该提早覆盖促使树体提早进入休眠期，东北地区覆盖的时间应在初霜冻的第二天，以南地区则以 10 月下旬至 11 月上旬为宜。

1. 休眠期（覆盖至揭帘前　10 月 10 日～12 月 20 日）

1.1　温湿度调控

温室覆盖后棚内温度控制在 5～8℃，湿度 60％～80％，地温不低于 5～8℃。温度低时白天揭帘提温，温度高时夜间揭帘降温。

1.2　清除枯叶

揭帘升温前要除掉树上枯叶，并将地面的落叶一并清扫干净带出棚外。

2. 萌芽期（揭帘升温至开花前　12 月 1 日～1 月 20 日）

2.1　解除休眠

扣棚较晚的温室，和打算提早揭帘升温的温室，如果低温量不够，可以在揭帘升温前的 1 周内喷施 60～80 倍液的破眠剂，喷湿润即可，不可漏喷或重复喷。

2.2　温湿度调控

白天适宜温度在 10～18℃ 之间，最高不超 20℃，下午放帘前的 1～2 个小时可控制在 22～24℃。夜间适宜温度在 7～10℃ 之间，最低不能低于 2℃。白天湿度不低于 50％，低于 50％时，向地面喷水增加空气湿度，夜间顺其自然。

2.3　修剪

主要疏除主枝背上的直立营养枝，主干和主枝上的竞争枝和徒长枝；回缩冗长枝，短截细弱结果枝，轻回缩一年生的中、长结果枝，锯除枯橛，剪除枯枝。

2.4　喷药

修剪后立即喷 5 波美度石硫合剂（喷施时间不可晚于升温后的一周），要求均匀周到，连同地面一并喷施（与破眠剂喷施间隔期为 1 周以上）。

2.5 施肥

升温一周内在树盘上划 6～8 条放射状沟施入化肥，每株施硫酸钾型或双硫基型复合肥 1.5kg 左右，树体长势弱的要加入 0.25kg 尿素，施入后覆土盖严。

2.6 浇萌芽水

施肥后立即浇 1 次透水，润透 30～40 厘米深即可。

2.7 翻树盘

地表稍干时用铁锹翻树盘，内浅外深，即接近树干处深 5～8cm，逐渐向外深 20cm，施肥沟处不翻，翻后耧平树盘。

2.8 拉枝

对角度和方位不好的主侧枝进行拉枝整形，呈 40°～70°至空位处，使主侧枝均匀分布于四周。拉枝绳不要跨行跨株，以免影响作业。拉枝作业要在开花前完成。

2.9 浇花前水

现蕾期浇 1 次小水，润透表层土壤即可。

2.10 花前防病虫

现蕾初期喷一次 0.2％苦参碱 1000 倍液和 80％代森锰锌 600 倍液，加入 400 倍液氨基酸液。

3. 开花期（初花至落花 1月1日～2月20日）

开花期的管理重点是防止花期高温和干燥危害而影响坐果，还要避免湿度过大引起花腐病发生。

3.1 温度调控

白天适宜温度在 12～18℃之间，最高温度不超 20℃，夜间适宜温度在 8～10℃之间，最低不应低于 2℃。

3.2 湿度调控

白天的湿度保持不低于 30％，低于 30％时，向地面洒水，增加空气湿度，高于 60％时通风降湿，尽量避免棚膜滴水。开花期注意通风，保持适宜的湿度，防止花腐病等病害。

3.3 花期辅助授粉

在棚内见有几朵花开放时，即可释放蜜蜂进行辅助授粉，每棚释放一箱，在温度低蜜蜂不出巢时，还应进行人工采粉点授。初花和末花期各喷 1 次 600 倍液果力奇，喷施时间在早晨揭帘后，避免阳光强烈时喷施。花期进行辅助授粉的同时，应注意捕捉卷叶虫和各种毛毛虫等。

3.4 清除花瓣

落花期每天下午在棚内空气干燥时，要经常轻晃枝条，震落花瓣，粘落在叶片上的花瓣要用手及时摘除。

4．果实发育期（落花后至果实成熟 · 1 月 10 日～2 月末）

幼果期的管理重点是防止灰霉病发生而引起烂果烂叶，防止浇水过早或过多、氮肥过多、赤霉素过量、温度过低而引起新梢旺长，造成落果和裂果或抑制花芽分化。

4.1　温度调控

幼果期白天适宜温度在 12～22℃之间，最高不超 25℃，夜间适宜温度 10～15℃。果实膨大至采收期，白天适宜温度 14～25℃，最高不超 26℃，夜间适宜温度 12～15℃。

4.2　湿度调控

尽量保持地面土壤和棚内空气干燥。白天湿度在 30%～50%，夜间不高于 60%。注意通风降湿。

4.3　防治病虫害

落花后喷 1 次代森锰锌杀菌剂防治灰霉病、煤污病、褐腐病和叶斑病等，幼果期如果有灰霉病发生可喷 25%啶菌噁唑乳油 1000 倍液。

4.4　整形修剪

落花后对长势较旺的树，还可以喷 1～3 次 400 倍液氨基酸。对主枝背上的直立新梢可摘除，或在 10～15 片大叶时进行多次摘除嫩尖处理。主枝延长新梢可进行多次拿枝，使其平衡生长。在果实整个生长期间，必须随时进行整形修剪工作，如摘除花序基部的小托叶，旺梢摘心或拿枝，多余萌蘖和直立新梢摘除，使树体透光通风，要求采收前完成整形修剪工作。

4.5　施肥

花后至采收期每隔 7～10 天叶面交替喷施 1 次氨基酸和微量元素肥。幼果期结合浇水在树盘上挖沟或坑施入 2 次富含磷、钾以及微量元素的肥料，每株施 0.5～1.0kg，施入后在施肥沟内淋少量水后覆土盖严，或施入 2～3 次冲施肥，促进果实膨大和花芽分化。

4.6　浇水

果实硬核后（大约落花后 20～25 天）和果实着色期各浇 1 次小水，要区分不同土壤决定浇水量，可在树盘上挖坑浇水，防止一次浇水量过大或地面潮湿，引起裂果、新梢徒长和灰霉病的发生，原则是结果大树每次浇水量不超过 50 千克，小树和黏性土壤的少浇，沙质土壤可稍多些。掌握少浇勤浇的原则，浇水前注意天气预报，选择 2～3 天内是晴天时的头一天浇水。

5．果实采收期（3 月 1 日～4 月 20 日）

5.1　采收方法

红色品种当果实呈全面红色时，黄色品种当果实底色呈黄色，阳面呈红色霞时即可采收，用拇指和食指捏住单个果实的果柄轻轻掀下，不可掰掉花束状结果枝。

5.2 浇水

采收期间对结果较多的树，或易干旱的树要补 1 次少量水。

6. 放风锻炼期（采收后至撤覆盖 5 月 1 日～5 月 20 日）

采收后至撤覆盖期主要任务是放风锻炼，保护叶片不受损伤。

6.1 放风锻炼

放风锻炼也就是扒膜通风，当外界温度不低于 10℃时，将膜从风口处同时向上和向下撤，每 2～3 天扒开 0.5～1 米宽，使叶片充分适应外界光照和大风，锻炼 10～15 天后，外界温度不低于 15℃时，选择多云无风或阴天无风时撤掉棚膜。如果不进行放风锻炼，可以在撤棚膜的当时覆盖遮阳网，遮阳网的透光率应在 70%以上，防止叶片晒伤而引起落叶和二次开花，遮阳网透光率不足 70%时花芽饱满程度差。

6.2 浇水施肥

樱桃采收结束后每株施入 1.0kg 磷酸二铵＋尿素（1：1），并立即浇一次透水，叶面喷施 1 次 500～800 倍液海德贝尔，利于恢复树势和促进花芽饱满，以及防止花芽和叶片老化。

7. 露地生长期（5 月 20 日～10 月末）

露地生长期的管理重点主要是保护叶片，防止提前落叶和开花，防止过于干旱和涝害。

7.1 适时浇水和排涝

撤覆盖后进入露地管理期间，注意适时浇水，浇水间隔不可少于 20 天，遇到降雨量大时注意及时排涝，做到雨停半天后地面不积水。每次灌水和降雨之后在地表稍干时，都要及时松土，增加土壤透气性。

7.2 病虫害防治

撤覆盖前后喷 1 次杀菌剂并加入 500 倍液尿素，防叶斑病和防叶片老化。病害防治主要是防治各种叶斑病，于 6～8 月间喷 2～3 次杀菌剂（波尔多液或戊唑醇交替喷施），或壳聚糖类、氨基酸类的有机营养剂提高抗病力。

虫害防治主要是防治二斑叶螨和桑白介壳虫，用齐螨素（虫螨克）和噻嗪酮等药剂防治，有流胶病时，将流胶口割开，挤出胶液后涂抹愈合剂或治腐灵，或其他杀菌剂。

7.3 早秋施基肥

早秋 8 月下旬至 9 月上旬土壤追施有机肥 1 次，沟施发酵的牛马羊等粪肥或豆饼类有机肥，加入少量复合肥和过磷酸钙。施后立即覆土盖严，施肥后须浇 1 次透水。

7.4 修剪

采收后尽量不修剪，如果树体上部徒长枝多，造成下部密闭不透光时，可少量疏除一部分，但绝对不可以短截结果枝条。

7.5 覆盖

10月初备好覆盖材料，在霜冻后及时覆盖，保持棚内温度在5～8℃之间，促进树体休眠。

参 考 文 献

[1] 张鹏等．樱桃无公害高效栽培．北京：金盾出版社，2004.

[2] 徐继忠，边卫东等．樱桃优良品种及无公害栽培技术．北京：中国农业出版社，2006.

[3] 于绍夫．大樱桃栽培新技术．第 2 版．山东：山东科学技术出版社，2002.

[4] 史传铎，姜远茂．樱桃优质高产栽培新技术．北京：中国农业出版社，1988.

[5] 张鹏．樱桃高产栽培．北京：金盾出版社，1993.

[6] 谭秀荣．甜樱桃高效栽培新技术．沈阳：辽宁科学技术出版社，1999.

[7] 王志强．甜樱桃优质高产及商品化生产技术．北京：中国农业科技出版社，2001.

[8] 边卫东．大樱桃保护地栽培 100 问．北京：中国农业出版社，2001.

[9] 孙玉刚等．大棚樱桃优质高效栽培新技术．山东：济南出版社，2002.

[10] 万仁先，毕可华．现代大樱桃栽培．北京：中国农业科技出版社，1992.

[11] 于绍夫．烟台大樱桃栽培．山东：山东科学技术出版社，1979.

[12] 邱强．原色桃、李、梅、杏、樱桃病虫图谱．北京：中国科学技术出版社，1994.

[13] 黄贞光，赵改荣等．入世后我国甜樱桃面临的机遇与挑战及发展对策．果树学报，2002，19(6).

[14] 谭秀荣，刘晓霞．浅谈我国甜樱桃的发展．北方果树，2003，(3).

[15] 张毅，孙岩．樱桃推广新品种图谱．山东：山东科学技术出版社，2002.

[16] 潘凤荣等．大樱桃新品种简介．北方果树，1999，5.

[17] 赵改荣，黄贞光．大樱桃保护地栽培．河南：中原农民出版社，2000.

[18] 高东升，李宪利等．果树大棚温室栽培技术．北京：金盾出版社，1999.

[19] 蒋锦标，吴国兴．果树反季节栽培技术指南．北京：中国农业出版社，2000.

[20] 王克，赵文珊．果树病虫害及其防治．北京：中国林业出版社，1992.

[21] 赵庆贺等．山西省果树主要害虫及天敌图说．山西省农业区划委员会，1983.

[22] 黄贞光，赵改荣等．我国甜樱桃产业总规模和区域布局的探讨．全国首届樱桃产业发展学术研讨会
     论文，2006.

[23] 唐勇．樱桃园全套管理技术图解．山东：山东科学技术出版社，1998.

[24] 张开春．无公害甜樱桃标准化生产．北京：中国农业出版社，2006.

[25] 冯明祥．无公害果园农药使用指南．北京：金盾出版社，2004.

[26] 孙玉刚．张福兴主编．甜樱桃栽培百问百答．北京：中国农业出版社，2009.

[27] 屠豫钦．农药科学使用指南．北京：金盾出版社，2012.

[28] 张开春，张晓明等．樱桃砧木育种进展．中国樱桃年会，2015.

[29] 呼丽萍．甘肃大樱桃产业发展现状、优势问题及开展的主要工作．中国樱桃年会，2015.